天然寶石・珠寶基礎事典

Jewelry & Power Stone Catalog

日本中央寶石研究所　監修

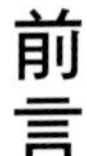

前言

從西元前開始，因為外表所散發出的美麗光澤及耐久性，使寶石成為權利者及上流社會的象徵。隨著時間的流逝，寶石的產量增加，加上加工技術的進步，一般人也都可以擁有優質的珠寶。因此，本書不只收錄高價的珠寶，也廣泛地將天然寶石加工，成為時尚生活中的裝飾配件。

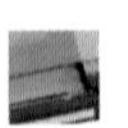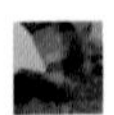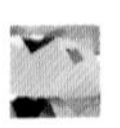

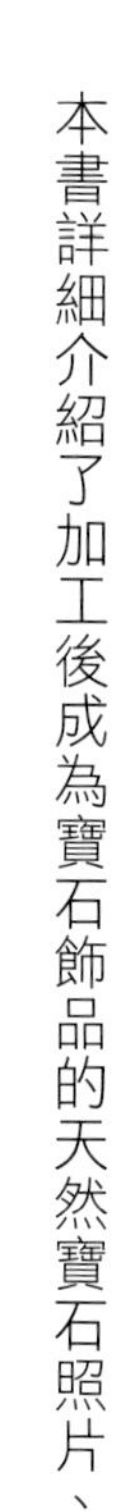

本書詳細介紹了加工後成為寶石飾品的天然寶石照片、寶石的特徵、使用保養上須注意的事項、寶石本身所擁有的能量以及與寶石相關的傳說故事，還介紹了寶石飾品的基礎知識、天然寶石飾品搭配服裝的示例、以及如何有效使用天然寶石增加能量的重點等。當你「想要更了解手邊的天然寶石」或「想要買新的天然寶石珠寶飾品」時，這本書的內容會對你有很大的幫助。

地球上經過歲月淬鍊後孕育而成的天然寶石，各有各的特色，請盡情悠遊於天然寶石、珠寶飾品的廣大天地吧！

Contents
目錄

第二章 不可不知的天然寶石44

第三章 天然寶石・珠寶的基礎知識

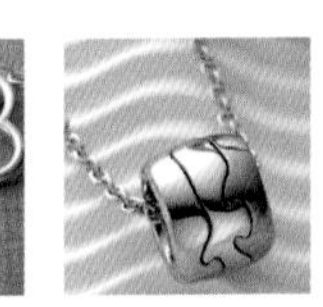

專欄

第四章 天然寶石的配戴方法

本書的使用方法

英文名稱、中文別名、摩氏硬度。
※摩氏硬度以礦物互相摩擦造成的擦痕為指標，共分為十個等級，10是最硬的。

Calcite

和名＝尖晶石　硬度 8

尖晶石

與紅寶石共生，
擁有各種不同的顏色。

介紹寶石的礦物特徵及歷史。

特徵・歷史

一般人都知道尖晶石因為含鉻而呈現紅色，但事實上尖晶石有各種不同的顏色。大多是和剛玉一起被發現，所以紅色尖晶石長期以來一直被當作是紅寶石，尖晶石的結晶和鑽石一樣都是正八面體。

介紹寶石代表的意
及寶石擁有的能量

選購時的參考重點

品質鑑定方法

一般說來緬甸產的尖晶石品質較優，斯里蘭卡產的尖晶石少數會呈現星光效果（參考P125）。

石語・石能量

石語　內在的充實及安全

石能量　◆提高向上的決心，努力實踐。
◆導向清晰的思考。
◆庇祐主人的安全。

與寶石相關的傳說及小常識。

尖晶石的傳說

尖晶石名稱的由來，是源自於16世紀時，因為結晶的外形以拉丁文命名為「spina」，就是「尖端」的意思，因此命名為尖晶石。在正式命名之前尖晶石有一段很長的時間被誤認為是紅寶石，英國王室戴冠式的皇冠上鑲飾的巨大紅寶石「黑太子紅寶」，以及伊莉莎白女王的「鐵木紅寶項鍊」、俄羅斯皇室的葉卡捷琳娜一世皇冠上的紅寶石，這些都曾被誤認為是紅寶石，其實都是尖晶石。

使用上的注意事項
※超音波震動洗淨
將寶石放入水中
利用超音波震動
洗淨的方式。

寶石的主要產地。

寶石的顏色種類。

DATA

產地　緬甸、斯里蘭卡、泰國 等

切割方式　明亮型　矩形階梯型　凸面型　其他混合花式 等

注意點　尖晶石是屬於結構非常結實的寶石，因此在使用保養上要注意避免傷及其他寶石，最好是以柔軟的布包覆較為安全。

顏色多樣性　紅、粉紅、紫、黃、橙、藍、綠、黑

墜子／19,800日圓18　鍊子／私人收藏
手鍊／36,700日圓18　戒指／21,000日圓18

89

寶石經常使用的切磨方式。

※混合式切磨：2種以上的切磨方式組合而成（參照P123）。
※花式切磨：指老式切磨以外的方式，例如心型或水滴型切磨。

介紹照片上寶石飾品的價格、各飾品的廠商及聯絡地址、末尾的數字請參照P159的「協助攝影」。

G=黃金、YG=黃色K金、
PG=玫瑰金、WG=白色K金、
SV=銀、pt=鉑金的簡稱。

第一章 12個月的誕生石

這一章

是依照月份的順序來介紹每個月的誕生石，

不只是佩戴自己生日月份的誕生石，

隨著月份的不同佩戴屬於當月的誕生石，

也可以說是一種樂趣。

※誕生石依照月份不同，選定的數量也不同。

本書內容以日本中央寶石研究所的資料為參考依據。

※本書商品價格為日圓，會隨匯率等因素變動，保留以供讀者參考。

十字項鍊／74,550日圓⑲　右下戒指／86,100日圓㉑　中間上方戒指／90,300日圓⑲　左下戒指／127,050日圓⑲
中央戒指／240,450日圓⑲　耳環／420,000日圓㉕　短鍊／147,000日圓㉕　墜子／294,000日圓㉕

1月
January

石榴石

——紅石榴最有名氣，但也有其他不同顏色的石榴石。

硬度 7~7.5

特徵・歷史

石榴石並非指單一的礦物名稱，而是指擁有類似構造的14種礦物總稱。因為具有像石榴種子一樣的顆粒狀結晶，甚至像石榴一樣的顏色，所以稱為「石榴石」，雖然石榴石以紅色最具知名度，但是依照所含金屬的成分不同會形成各種不同顏色的石榴石（參照P12）。

被稱為「翠石榴」的綠色石榴石，在折射率（光從空氣中進入寶石時，產生折射的角度）高的石榴石中，擁有最高的折射率，能發出如鑽石一般的光芒，得到最高的評價。

品質鑑定方法

透明度高、針狀內含物（指其他礦物或空氣、水分等內包物）較少者為上品。還有，紅色系的石榴石以深紅色，在自然光下看起來不帶黑色的品質最為優良。

石語・石能量

石語　真實、友愛、貞潔

石能量　◆增強戀人之間的吸引力，戀情可以持續或圓滿。
◆增強氣力、體力，迎向光明前程。
◆振作精神。

石榴石傳說

據說石榴石的名字，是由拉丁語中具有「種子」及「粒」之意的「granum」所衍生出來的名詞「granatum」（多籽的水果石榴）而來，象徵多產及豐饒的意思。

石榴石是擁有古老歷史的寶石之一，據記載在古埃及、希臘及羅馬時代，即被當作裝飾品使用，甚至被當成止血及治療其他身體不適的用藥。

還有，石榴石純紅的光芒容易讓人聯想到火花及火焰，諾亞方舟中記載，石榴石被拿來當作黑暗中照明用的火炬，一直到中世紀，人們還是相信「石榴石裡住著火焰」的傳說。

DATA

產地　印度、斯里蘭卡、阿富汗、巴西、馬達加斯加島　等

注意點　硬度高、對化學藥物及熱度抵抗力強，是比較容易保養的寶石，使用後以柔軟的布擦拭即可。

切割方式

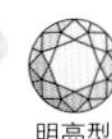
明亮型

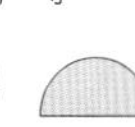
凸面型

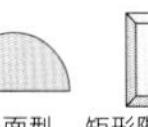
矩形階梯型

其他混合式

顏色多樣性　紅、橙、綠、黃、褐、無色

心形垂飾(貴榴石、YG)／38,000日圓㉒　戒指（石榴石、鑽石、YG）／73.000日圓㉒
正十字垂飾(石榴石、G)、鍊子(G)／⑦　鍊子(石榴石、金)／⑦

1月 石榴石

色彩繽紛的石榴石

雖然總稱為「石榴石」，事實上各種顏色有各種不同的名稱。因為石榴石是屬於比較容易購得的平價寶石，所以蒐集各種不同顏色的石榴石可以成為一種生活樂趣。

貴榴石 (Almandine-Garnet)

一般是指深紅色接近黑色的石榴石，但也可以指接近粉紅色的石榴石，內含角閃石等容易碎裂的內包物，所以質地鬆脆是其特徵，刻面邊緣易碎，若磨成凸面蛋型則能顯現閃耀4條星光效果（參考P125）。

紅榴石 (Pyrope-Garnet)

因為內含有鐵和鉻而呈現出如火焰燃燒般的血紅色，這名字是由希臘語「火焰」的意思「pyr」衍生而來，擁有紅寶石般艷紅的品質為極品，也被稱為「亞利桑那・紅寶石」或「開普敦・紅寶石」。

粉紅榴石 (Rhodolite-Garnet)

介於上述貴榴石和紅榴石之間的性質，是指帶紫色的紅石榴，「rhodolite」在希臘語中是「玫瑰」的「Rhodo」和「石頭」的「Lite」所合成，因觀賞角度及場所明暗度的不同，顏色上會產生不同的變化，是粉紅石榴石的特徵。

鈣鋁榴石 (Grossular-Garnet)

最早是在西伯利亞發現，因為顏色像西洋醋栗(Grossularia)一樣呈現淡淡的綠色，因此命名。顏色變化豐富，依照顏色不同也有不同的名稱。

鈣鋁榴石不同顏色的名稱

黑松來(Hessonite)	因為錳和鐵的作用而產生橙色及褐色的鈣鋁榴石。偏紅的稱為「肉桂石」，紅色中略帶橙色的稱為「風信子石」。
綠色鈣鋁榴石 (Green Grossular)	是指綠色的鈣鋁榴石。因為磁鐵礦的原因而呈現透明的綠色，也稱為「沙弗來石」，還有，南非產的綠色鈣鋁榴石，因為酷似翡翠，所以也稱為「特蘭斯瓦.翡翠」。
粉紅色鈣鋁榴石 (Pink Grossular)	是指粉紅色的鈣鋁榴石。墨西哥所產的粉紅色鈣鋁榴石也稱為「桃色榴石」，因為含鐵的原因而呈現粉紅色，墨西哥出產的粉紅色鈣鋁榴石品質最好。

裸石（石榴石）/⑩

Column

12星座天然寶石和精油的關係

在此依照不同的星座來介紹被選定的天然寶石。在歐洲，有些國家對應寶石的種類來搭配相屬的精油，這種傳統由來已久，且搭配的組合有各種說法，在此，僅選擇其中一種說法來介紹，就讓我們配合寶石飾品一起沐浴於精油的芳香氣味中吧！

星座（生日）	天然寶石	精油
白羊座 Aries (3月21日～4月20日)	紅寶石 鑽石	薄荷　可以提振精神，帶來內心的平靜。 芫荽　增加溫柔的氣質，帶來活力。 肉桂　激勵低落的心情與氣氛。
金牛座 Taurus (4月21日～5月21日)	翡翠	依蘭　放鬆壓抑的情感，消除緊張。 岩蘭草　沉靜慌亂激動的情緒。 檸檬草　讓疲憊的心再度充滿活力。
雙子座 Gemini (5月22日～6月21日)	黃水晶 水晶	安息香(Benzoin)　穩定不安及憂慮的心情。 茴香　提升人際溝通能力，補充元氣。 馬郁蘭　放鬆心情，安慰孤獨及悲傷的心。
巨蟹座 Cancer (6月22日～7月23日)	月光石 珍珠	洋甘菊　悠閒及安定的心。 鼠尾草　帶來愉快明亮的陶醉感受。 茉莉　平息悲傷，帶來幸福感。
獅子座 Leo (7月24日～8月23日)	鑽石 紅寶石	柳橙　讓心情保持愉快，鎮定不安的情緒。 橙花　帶來穩定平和的心情。 乳香　給予心情上充足的元氣，釋放壓抑的情感。
處女座 Virgo (8月24日～9月23日)	藍寶石	迷迭香　讓頭腦清醒，集中注意力。 油加利　補充活力，提振精神。 茶樹　放鬆心情，恢復冷靜。
天秤座 Libra (9月24日～10月23日)	蛋白石	玫瑰　放鬆心情，調和身心平衡。 天竺葵　帶來幸福及安定感，心情愉快。 香桃木　快速恢復平常心，消除心中的鬱悶。
天蠍座 Scorpio (10月24日～11月22日)	石榴石 紅寶石	香蜂草　鎮定歇斯底里的情緒，放鬆鬱悶的心情。 羅勒　鎮定慌亂不安的心，消除鬱悶的情緒。 生薑　讓心更溫柔、更堅強，帶來無比的勇氣。
射手座 Sagittarius (11月23日～12月22日)	琉璃 土耳其石	茉莉　撫平悲傷，帶來幸福感。 絲柏　靈感創意的泉源。 雪松　讓心情穩定，回復自信。
魔羯座 Capricorn (12月23日～1月20日)	黑縞瑪瑙 琥珀	檀香木　調整身心的平衡。 松樹　消除精神上的疲勞。 沒藥　精神萎靡無力時，可以提振元氣。
水瓶座 Aquarius (1月21日～2月19日)	碧璽 藍玉	檸檬　淨化心靈，使心靈純粹。 佛手柑　暢通凝滯的氣，調整心靈平衡。 萊姆　讓心情開朗，情緒高昂。
雙魚座 Pisces (2月20日～3月20日)	紫水晶 珊瑚	薰衣草　清淨身心，給予溫柔的撫慰。 大薰衣草　消除心靈的疲憊。 胡蘿蔔　消除緊張和疲勞，安穩睡眠。

出處：「香精油占星術」 新風社出版

2月 February

紫水晶

為佩戴的人增加氣質的紫色寶石。

硬度 7

特徵・歷史

我們稱其為「紫水晶」，正如名字所述，是紫色的水晶，屬於水晶中較高價的寶石。因為含有微量的鐵質，顏色從淡紫色到深紫色都有。紫水晶與人類的關係非常悠遠，據說歐洲在2萬5千年前的遺跡中，就發現了紫水晶的加工飾品。還有，自古以來，紫色就是屬於宗教、神靈權威性高的色彩，因此，猶太教稱之為「神聖的寶石」，基督教也尊稱為「教司的寶石」。同一塊紫水晶體當中混合著極為稀少的黃水晶，這種水晶稱為「紫黃水晶」。

品質鑑定方法

決定紫水晶品質優劣的重點在於顏色濃度及透明度、有無瑕疵等，以顏色深看起來像黑色，在微弱照明下卻能明顯呈現紫色的為最優良品質。

石語・石能量

石語　誠實、心靈平和

石能量
- ◆戀愛圓滿。
- ◆消除精神上的不安或憤怒、迷惑，帶來內心的平靜。
- ◆增強靈感及直覺力。

紫水晶的傳說

紫水晶名稱的由來，希臘原文「amethistos」的涵義是「不醉」的意思。當時的人們相信只要配戴紫水晶，不管怎麼喝都不會醉，希臘神話中也有相關的記載：「有一天，心情惡劣的酒神巴克斯想要找人洩憤，召來猛虎襲擊第一個前往月之女神黛安娜神殿的人亞梅西斯，警覺情況不對的黛安娜，就在這千鈞一髮的危急時刻，將少女變成純白色的石頭，此時，酒神對自己莽撞的行為感到懊悔不已，遂將葡萄酒倒在白色的石頭上，瞬間石頭變成了美麗的葡萄紫色……」這些都是自古以來與葡萄酒有深切關係的紫水晶悲傷而淒美的傳說。

DATA

產地　巴西、尚比亞、烏拉圭、南非共和國、印度、斯里蘭卡　等

注意點　若長時間暴露於日光下，會受紫外線的影響而褪色，所以要避免陽光直射。

切割方式

明亮型

矩形階梯型

凸面型

其他混合式

顏色多樣性　僅有紫色

項鍊（石榴石、G）／46,200日圓⑥
耳環（石榴石、G）／23,100日圓⑥

3月
March

海藍寶石

——具有澄澈透明感的寶石，最適合明朗清爽時佩戴。

Aquamarine

別名＊藍玉　硬度 7.5〜8

特徵・歷史

擁有淡藍海水的美麗顏色，屬於綠柱石的一種。綠柱石依照所含成分的不同而呈現不同的顏色，名稱也各有不同。以綠色祖母綠、金色綠柱石（Heliodor）、粉紅摩根石（Morganite）等寶石為代表。海藍寶石因為內含鐵元素而呈現淡淡海藍色，依照欣賞角度不同有時呈現出無色及藍色二色性，而且，幾乎所有的原石本身都帶有淺綠的藍色，而市面上所看到的純粹海藍寶石，都是經過加熱處理而成。

品質鑑定方法

海藍寶石中顏色較深且不帶綠色的品質較為珍貴。巴西聖塔瑪利亞礦山所出產的深色海藍寶石，品質最佳，但是目前已經不出產，馬達加斯加及莫三比克所出產色澤鮮艷的海藍寶石稱為「聖塔瑪利亞・非洲玉」，最為珍貴。

石語・石能量

石語　幸福滿點

石能量
◆青春永駐。
◆戀愛幸福，婚姻美滿。
◆平和、安定。

海藍寶石傳說

海藍寶石在拉丁原文中是指「海水」的意思。據說是大約２０００年前，由羅馬人命名。屬於海底精靈的寶物，被海浪打上岸而形成的寶石，根據這則神話故事可知，海藍寶石自古以來就和海洋有深切的關係。自古羅馬時代開始，航海人就認為海藍寶石可以祈求航海安全，帶來豐富的漁獲量。甚至，認為海洋是一切生命的根源，所以此寶石也代表著無限的生命力，深信是「永保青春的象徵」「帶來子嗣的寶石」。聽說單戀的人只要配戴此寶石思念著對方，就可以將這份相思之情傳達到對方的心中。

DATA

產　地　巴西、馬達加斯加、印度、俄羅斯、斯里蘭卡、納米比亞、奈及利亞　等

注意點　硬度較高，不容易刮傷，比起其他寶石，耐久性優良，屬於容易保養的寶石。

切割方式

明亮型

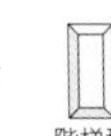
階梯型

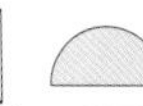
凸面型

其他混合式

顏色多樣性　僅有藍色

項鍊（海藍寶石、鑽石、WG）／131,250日圓⑲
戒指（海藍寶石、鑽石、WG）／366,450日圓⑲

3月

March

珊瑚

鮮紅、淡粉紅、白色等，經過研磨之後，散發出美麗的光澤。

硬度 3.5〜4

特徵・歷史

珊瑚是由棲息於海底深度100m以上，被稱為「珊瑚蟲」的生物所生出的樹枝狀有機質骨骼，並非是礦物。主要成分和珍珠外層成分相同，都是碳酸鈣，經過研磨會散發出玻璃狀的光澤。

珊瑚中，一般被稱為「寶石珊瑚」的是較具有寶石價值的珊瑚，和珊瑚蟲（擁有八支觸角的八角珊瑚）在珊瑚礁所形成的石珊瑚（不到六支或擁有六的倍數觸角）是不一樣的，珊瑚的顏色有紅、粉紅、白以及稱為「天使肌膚」的淡粉紅色，與石珊瑚類似的還有黑色及藍色。

品質鑑定方法

選擇顏色均勻且沒有任何斑點與龜裂現象的最佳，雖然珊瑚顏色濃淡可隨個人喜好選擇，但自古以來，紅珊瑚中顏色如鮮血般紅的「赤血珊瑚」最為稀少，當然價值也就最高。

石語・石能量

石語　幸福・長壽・智慧

石能量　◆帶來幸運與財富。◆放鬆精神，激發潛在能力。◆避邪。

珊瑚的傳說

希臘神話裡有一段關於珊瑚起源的古老傳說：「英雄波修斯為了與蛇髮女妖格鬥，將蛇髮女妖的頭砍下，鮮血染紅了波修斯身上的花飾，花飾掉落海裡變成了珊瑚……」，到了20世紀時，日本已大量輸出珊瑚到義大利，義大利商人非常喜愛日本所產的淡色珊瑚，為了不讓這些粉色珊瑚價格高漲，還特意將其取名為「染色石」或「無用石」之類沒有價值的名稱，但是美麗的東西無法躲過愛美之人的追逐，珊瑚的美終究為世人所共享，這可能會讓窮畢生之力追求美麗事物的義大利人感到扼腕吧！

DATA

產地　日本土佐沖、東中國海、八丈島近海、小笠原近海、地中海　等

切割方式

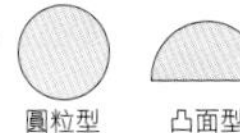

圓粒型　凸面型　其他浮雕　等

注意點　容易刮傷，對熱和酸、油脂等抗力弱，屬於精緻寶石類。避免以超音波震動洗淨，使用後，以柔軟的布擦拭，再以盒子收納即可。

顏色多樣性　紅、粉紅、白、黑、藍

心形戒指（珊瑚、G）／157,500日圓6　橢圓形戒指（珊瑚、G）／126,000日圓⑥
項鍊（珊瑚、水晶、銀）／157,500日圓⑰

3月
March

血石

——寶石外表的紅色斑點被認為是基督殉難之血，可說是寶石的特徵。

硬度 7

特徵・歷史

屬於碧玉（Jasper）的一種，深綠底色上有紅色的斑點圖案。紅色斑點是因為氧化鐵的關係，使外表看起來像血斑的樣子，因此命名為「血石」。碧玉和水晶及瑪瑙一樣，都是石英家族的礦物，含有一定比例以上的不純物，所以呈現不透明狀。雖然現在市面上，有各種不同顏色合成的寶石，當作血石販賣，可是，國際上共同認定的標準是綠色底上有紅色斑點，在德國，赤鐵礦稱為血石，其他則稱為藍石。

品質鑑定方法

如果購買的是雕刻和浮雕的加工品，要選擇表面研磨均勻，沒有任何裂痕者為優先，一般說來，印度產的血石大致上都是品質優良的寶石。

石語・石能量

石語　勇氣、幫助

石能量　◆不向逆境低頭的精神。
◆思慮周密，圓融人際關係。
◆加強血液循環，增強心臟能力。

血石的傳說

紅色斑點看起來像是血斑的樣子，因此命名為血石，傳說是「耶穌被釘在十字架上時，血滴在腳邊的綠色石頭上所染成的寶石」，在歐洲自古以來就把血石當做「獻身」的象徵。因此，中世紀的基督教徒們，把血石當做「殉教者的寶石」，常用來雕刻成基督教的十字架和耶穌受難的情景，這種寶石也別稱為「天芥菜石」，和植物的名稱相同。據希臘神話裡記載：「只要將此種寶石和天芥菜同時磨擦身體，就可以使身體隱形」，因此，上戰場的兵士們，為了不讓敵人發現而遭受攻擊，通常都會配戴血石上戰場。

DATA

產地　印度、澳大利亞、巴西、中國、美國　等

注意點　具有容易剝離的性質，所以在使用上要避免強力撞擊，勿以超音波震動洗淨。

切割方式

圓粒型

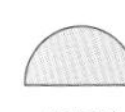
凸面型

其他浮雕　等

顏色多樣性　綠色底紅色斑點

上方項鍊／5,040日圓⑱　下方項鍊／3,465日圓⑱　裸石／各525日圓⑱

4月 April 鑽石

鑽石經過切割研磨，可以發揮獨特個性及散發最頂級的光輝。

Diamond

別名＊金剛石　硬度⑩

特徵・歷史

源自於希臘語「adamas」，意思是「不可征服的石頭」，是目前地球上最硬的礦物。但是，鑽石的韌性（切割難易度）卻和水晶相同，只要朝一定方向施加強力即會碎裂。顏色一般都會帶點黃色，愈是無色透明的鑽石產量愈稀少，價值當然也就愈高，但是，彩色鑽石因為色澤鮮艷，產量稀少，也獲得很高的評價。自古以來，鑽石就是代表權威及富貴的象徵，但因為當時的研磨技術未臻成熟發達，無法研磨出如今的鑽石光芒，直至17世紀，開始採用多面形琢磨方式之後，終於讓鑽石的光輝開花結果，散發出璀璨的懾人光芒。

品質鑑定方法

鑽石擁有各種不同特徵的美，鑽石的稀少性決定了評選鑽石的方式「4C」，所謂的「4C」，就是指color（顏色）、cut（車工）、clarity（淨度）、carat（重量），以這4個要素來做為選擇鑽石的總和標準（詳細請參照P25）。

石語・石能量

石語　純真無瑕

石能量　◆活化意識，激發潛在的能力。◆提高生命力。◆引導向更高的精神層面。

鑽石的傳說

長久以來，世界知名的最大顆鑽石，是英國王室權杖上裝飾的克利蘭一世（現在是第二大鑽石），這顆重量達530．2克拉的鑽石，原石是於1905年在南非普里米亞礦場發現，重量高達3106克拉，於是以礦山主人「克利蘭」（Thomas Cullinan）的姓氏來命名，成為世界最大的鑽石－克利蘭。後來這顆克利蘭鑽石被贈送給英王艾德華7世，英國王室任命荷蘭著名的技師約瑟夫亞當斯來負責切割，一開始，因為太過於緊張而失神，無法順利切割……。就這樣，世界最大顆的鑽石經由約瑟夫精湛的技術切割成9個主要的大鑽，分別命名為「克利蘭1世～克利蘭9世」和96個小鑽。

DATA

產地　波茲瓦納、澳大利亞、剛果、俄羅斯、南非共和國、迦納　等

切割方式

明亮型　其他花式切割

注意點　要避免一定方向的強力撞擊，因為親油性高，要定期以中性洗劑清洗。

顏色多樣性　黃、藍、粉紅、紅、綠、褐、黑

項鍊（鑽石、Pt）／14,490,000日圓⑤　垂墜耳環（鑽石、Pt）／3,045,000日圓⑤
戒指（鑽石、Pt）／840,000日圓㉔　裸鑽（鑽石）／非賣品⑳

鑽石的璀璨光芒及4C

4月 鑽石

波茲瓦納的久哇內礦山。 © De Beers Images

鑽石開採的方法

鑽石除了去除礦床上土石的露天採礦方式之外，還有其他各種不同的開採方法，非洲大陸有很多開採鑽石的礦山，波茲瓦納、南非、納米比亞等地，都是世界上重要的鑽石出產國。幾乎所有的鑽石都是以所謂的「慶伯利」岩石為母岩，沿著慶伯利岩層礦脈開採即可。

附著在慶伯利岩層的鑽石原石。 © De Beers Images

開採出來的鑽石，交由純熟的專業人士，使用放大鏡以鑽石的大小、淨度等標準選擇出品質較優的鑽石，大顆的正八面結晶體比較容易切割，切割時剩餘的碎鑽（小顆的鑽石）不必浪費，可以作為其他用途。

© Diamond Trading Company 挑選

正八面結晶體

© De Beers Images

鑽石的結晶是屬於解理（P123）完全。因此，自體切割比較容易，但是，研磨較困難，需要花費較多的時間。到了15世紀，有人想出了利用鑽石粉研磨鑽石的方式，17世紀時，更進一步研發出明亮型的切割方式，至此將鑽石的光輝展現的淋漓盡致。

鑽石的研磨

© De Beers Images

一直到現在，仍是藉由人工之手來進行鑽石的切割和研磨，事實上，就算把全世界的鑽石量集中起來，也只有一台雙層巴士左右的量，而且，要得到1克拉裝飾用的鑽石，必須開採高達約250噸的母岩，由此可以真正的了解鑽石的稀少和珍貴吧！

圓明亮型切割的鑽石

© De Beers Images

挑選鑽石的4C標準 每一顆鑽石都是獨特而唯一的，挑選時有4個考慮的標準，每一個標準的第一個字母都是以C開頭，所以一般稱之為「4C」。

Carat (ct) 克拉

一般我們總是認為克拉是指寶石的大小，事實上克拉是計算寶石的重量單位，一克拉是0.2g，因為從前計算寶石重量是以角豆當作砝碼來使用，據說希臘語中的角豆為「Karation」，就是「克拉」名稱的由來，現在以電子秤可以精密地測出1/1000克拉。

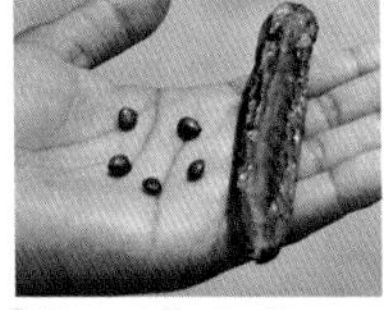
角樹豆
Ⓒ Diamond Trading Company

0.1ct	0.25ct	0.5ct	1ct	2ct	3ct
3.0mm	4.1mm	5.2mm	6.5mm	8.2mm	9.3mm

※下方數字為切割圓明亮型時約略的直徑。

Clarity 淨度

淨度指的是鑽石的透明度。以10倍率的放大鏡觀察，包括鑽石內含物的大小、數量、位置、性質、顏色以及明顯度、切割後會產生的擦傷或耗損等作出總合性的評價。鑽石的等級從完全無瑕疵的「FL」到憑肉眼就能看出內含物，總共分為11個等級。

FL	無瑕疵
IF	雖無內含物，但是外表有細微研磨的痕跡等。
VVS1～2	即使以放大鏡也不容易發現的小瑕疵。
VS1～2	雖然肉眼無法看見，但仔細看或以放大鏡即能看見的小瑕疵。
SI1～2	肉眼不易看見，但以放大鏡卻能立刻發現的小瑕疵。
I1～3	肉眼就能確認的瑕疵。

Color 顏色

鑽石因為含有氮素，大部分都帶有一點黃色，越接近純淨無色透明的鑽石數量越稀少，價值也越高昂。鑽石顏色從評價最高透明無色的D級到黃色的Z級，以英文字母區分為23等級，但是，藍色或粉紅色、橙色等天然彩色鑽石，因為產量稀少價格高，有另外一套評價的方式。

D～F	無色透明
G～J	接近無色
K～M	微黃
N～S	淺黃
T～Z	黃色

彩色鑽石
Ⓒ De Beers Images

Cut 車工

車工是鑽石評價中，唯一與人相關的要素。以理想的形狀為基準，最後的研磨修飾、技術等，都會影響鑽石的價值，車工共分為5個等級。

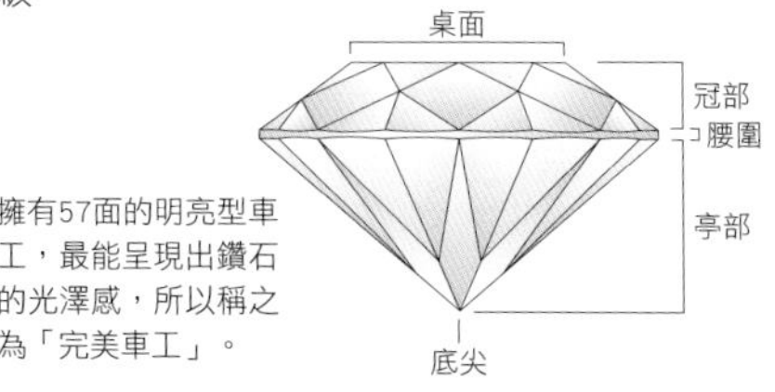

擁有57面的明亮型車工，最能呈現出鑽石的光澤感，所以稱之為「完美車工」。

各種車工鑽石
Ⓒ Diamond Trading Company

5月 May

祖母綠

——色澤優美的寶石，自古以來即受到權力者的喜愛。

Emerald

別名・翠玉・綠柱石　硬度 7.5～8

特徵・歷史

祖母綠是綠柱石的一種，和海藍寶石屬於同一種礦物。綠色是因為其中所含的鉻與釩物質所造成，就算同樣都是綠色柱石，因鐵質而造成的綠色柱石，只能稱為「綠色的綠柱石」（Green Beryl），不能稱為祖母綠。因為在結晶的過程中，會產生內含物及龜裂現象，所以祖母綠是以傷痕多而著名的寶石。現在為了處理傷裂痕及讓顏色更綠，幾乎所有的祖母綠都會浸泡在無色的油脂或樹脂裡，進行改良處理。

品質鑑定方法

祖母綠根據產地的不同，顏色也有所差異，當然價值也就不一樣，一般來說，透明度高且顏色深的價值較高。其中又以哥倫比亞所生產之不帶藍色（通常都以樹酯處理過）的祖母綠價值最高，傷痕及內含物是天然寶石的證據，甚至有些特意加工做出瑕疵，讓其看起來更像天然寶石。

石語・石能量

石語　幸運及幸福

石能量　◆預言未來。◆長生不老、幸福美滿。

祖母綠的傳說

祖母綠的歷史非常悠遠，古代人稱之為「維納斯女神寶石」。據文獻記載，西元前4000年左右，巴比倫帝國的首都巴比倫（現在的伊拉克附近）就已經進行祖母綠的開採。據說最古老的開採區是在埃及，西元前2000多年前就已經全面開採，祖母綠象徵富貴、權力與美麗，因此益顯珍貴。古埃及的最後一代女王克利佩卓，不但特別珍愛祖母綠，並將一座祖母綠的礦山以自己的名字命名，使用祖母綠粉末當化妝品。傳說羅馬帝國的暴君尼祿也特別鍾愛祖母綠，經常戴上祖母綠做成的眼鏡觀賞決鬥。

DATA

產地　哥倫比亞、巴西、坦尚尼亞、俄羅斯、印度、辛巴威、南非共和國、巴基斯坦、尚比亞　等

注意點　因為不耐衝擊、熱及水，所以使用保養上要特別留意，切勿以超音波震動洗淨。

切割方式

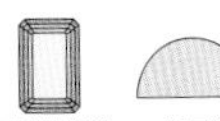

矩形階梯型　凸面型　其他花式車工

顏色多樣性　僅有綠色

戒指：左上方開始依順時鐘方向（祖母綠、鑽石、G）／⑦　（祖母綠、G）／⑦　（祖母綠、鑽石、G）／⑦　（祖母綠、G）／⑦　（祖母綠、G）／⑦

5月 May 翡翠（硬玉）

——溫婉含蓄的顏色之美，是東方人情有獨鍾的寶石。

別名＊硬玉　硬度 6.5～7

特徵・歷史

一般稱為玉的寶石，分為硬玉和軟玉兩種，而翡翠乃指硬玉。在礦物學分類上完全不同的東西，卻很難以肉眼區分，一直到1863年之後才有技術區分兩者的差別。具有寶石價值的雖然僅指硬玉，但是在中國，白色通透的高品質軟玉比硬玉更尊貴。翡翠硬度為6.5～7，比水晶略低，很容易受傷，但韌性（請參照P122）卻比鑽石強，屬於不易切割的寶石，顏色多樣化也是翡翠的特徵之一。

品質鑑定方法

透明度越高，顏色越濃綠者價值越高，其中顏色均勻呈半透明、紋路細緻的老坑（琅玕）玻璃種，可說是價值最高的翡翠。

石語・石能量

石語　健康和繁榮

石能量
- ◆提升心靈及精神上的能量。
- ◆促使人際關係圓融。
- ◆帶來事業的繁榮。

翡翠的傳說

翡翠的名字源自於傳說中住在清流、擁有鮮豔翠綠色羽毛的翡翠鳥，自古以來就特別受亞洲人的喜愛，在中國翡翠被稱為「玉（王者佩戴的寶石）」，象徵著神或皇帝以及當時至高的權力者，從慈禧太后開始到歷代皇帝們，無不鍾情於翡翠，其價值被認為比鑽石更高貴，一直被人們細心地守護收藏，據說佩戴翡翠可以擁有「五德（仁、慎、勇、正、智）」，帶來平安吉祥並且避免一切災難及不幸，甚至有些人相信翡翠具有不可思議的靈性，可以帶來「豐饒、生命及再生能力」，所以古代死者下葬時，會讓死者在口中含一塊翡翠，期望死者能夠再生的古老習俗。

DATA

產地　緬甸、俄羅斯、美國、紐西蘭、日本　等

切割方式　凸面型　圓粒型　其他浮雕型

注意點　雖然質地很堅硬，但是如果以超音波震動洗淨可能會變色，要儘量避免，使用後只要以柔軟的布輕輕擦拭即可。

顏色多樣性　綠、白、紅、藍、黃、橙色

項鍊（翡翠、SV、木頭、紫水晶、綠玉髓）／19,950日圓⑧
上方手鍊（翡翠）／11,550日圓⑧　下方手鍊（翡翠）／17,850日圓⑧

6月

June

珍珠

由小顆的粒狀到大面積的片狀，應有盡有。

Pearl

別名＊真珠　硬度3.5

特徵・歷史

當異物進入貝殼體內，貝類不但沒有將異物吐出，反而從自體分泌出光滑柔軟的珍珠質將異物層層包裹住，以減輕刺痛，如此卻偶然形成了晶潤圓滑的珍珠。養殖珍珠是在貝體內植入能促使分泌珍珠質的外套膜組織，讓珍珠成長。在日本原來是以鮑魚作為母貝，養殖出的鮑珠稱為本真珠，但隨著養殖珍珠的盛行，養殖而成的珍珠即稱之為「日本珠」（珍珠養殖的歷史請參照P32）。

品質鑑定方法

要辨識珍珠的真偽，可以以珍珠相互摩擦，如果摩擦時感覺粗糙就是真品，若感覺平滑就是偽品，要注意摩擦時有可能會傷及珍珠表面，所以請挑選不顯眼的位置來進行測試會比較恰當，總之，選擇值得信賴的店家購買珍珠飾品較為可靠。

石語・石能量

石語　健康、長壽、財富

石能量　◆激發潛在的能力。
◆提升藝術的才能。

珍珠的傳說

從古自今，珍珠是最能夠象徵女性之美的寶石，充滿了圓潤溫婉的魅力。希臘神話中記載：象徵愛與美的女神阿芙洛狄特，自海中泡沫誕生時，身上落下的水珠沉入海底，形成了美麗光澤的珍珠。珍珠與歷史上知名美女有關的傳說也非常多，以熱愛祖母綠為眾人所知的埃及豔后克利佩卓，和他的夫婿安東尼打賭，保證要請他享用一餐絕無僅有的奢華饗宴時，將世上獨一無二的珍珠耳環丟入醋中一飲而盡，最後贏了這一場賭注。據說唐玄宗為了取悅楊貴妃，以珍珠蓋了一座珍珠澡堂，還有清朝的慈禧太后，深信喝珍珠粉可以長生不老、養顏美容。

＊DATA＊

產地	日本（日本珠養殖）、中國、緬甸、澳大利亞、印尼（白蝶養殖）、大溪地 等
切割方式	無。有關珍珠的形狀請參照P33。
注意點	硬度和成分都非常細緻，使用後務必以柔軟的布輕輕擦拭，並且要特別注意強熱和紫外線的傷害。
顏色多樣性	白、粉紅、藍、銀色、綠色、奶油黃、金色、褐色、黑色

鍊子（珍珠、SV）／147,000日圓⑰　墜子（珍珠）／126,000日圓⑰　手鍊（珍珠）／27,300日圓⑥
上方戒指（珍珠、鋯石）／25,200日圓⑥　下方戒指（馬貝珍珠）／79,800日圓⑰

珍珠貝的種類／形狀／顏色

了解珍珠的種類、特徵以及判斷價值的標準等事項比選購珍珠飾品更有樂趣喔！

珍珠貝的種類 介紹珍珠養殖用的主要貝類

海水珠

日本Akoya貝

一般用來養殖日本珍珠的Akoya貝，約10cm大小，廣泛養殖於日本房總以南的太平洋和印度洋海域。約100年前日本第一次養殖成功時稱之為「日本珠」，有銀、金黃、奶油白、粉紅、綠、藍等各種顏色。

生產國／主要為日本

蝶貝

生長於水溫較高的熱帶海域，是珍珠貝當中體積最大的，成長後約可長至30cm左右。可以從南洋珠裡採取白、銀以及金黃色系的大型珍珠，也稱之為「南洋珠」，主要養殖地在澳大利亞、印尼。

生產國／澳大利亞、印尼、緬甸、菲律賓、泰國、日本

黑蝶貝

黑蝶貝是生產被稱為「黑蝶珍珠」的黑珍珠，廣泛生長於熱帶至亞熱帶海域。大溪地及日本石垣島所養殖的黑蝶貝可採收綠色、藍色、圓珠色系以及水滴、環狀等形狀的珍珠，擁有無比吸引人的魅力，尤其是虹色珍珠評價更高。

生產國／大溪地、庫克諸島、日本（石垣島、奄美大島）

馬貝

生長於熱帶及亞熱帶的馬貝，最主要是用來養殖半圓形的馬貝珍珠，馬貝珍珠體型較大，具有流線感，擁有獨特的虹色，豐富的色彩非常吸引人，尤其是位於亞熱帶最北邊的奄美大島所生產的馬貝珠是最高級品。

生產國／日本（奄美大島）

淡水珠

池蝶貝

淡水養殖的池蝶貝所生產的珍珠稱為「淡水珍珠」。淡水珍珠的養殖不植入珠核，只要插入小貝片，珍珠就可以卷的特別完整，一直到珠芯都是珍珠層是淡水珠的特色。市面上的淡水珠有橢圓、圓型、水滴狀等各種形狀，價格也很平價。

珍珠的養殖 珍珠自古以來就因為它的美麗而被人們喜愛，甚至被拿來當作交易品，因此，日本對珍珠的採取有一定的限制，但是到了近代，這套規則被破壞，在濫採的情況下讓貝類面臨滅絕的危機，為了因應這種危機，日本政府近來積極嘗試珍珠養殖，19世紀到20世紀間，不斷研究進步，至今已經確立了珍珠養殖的專業技術。

珍珠的形狀和顏色

珍珠的形狀

珍珠不同的形狀，有不同的稱呼。

圓形
圓形珍珠。

水滴形
水滴狀的外型。

橢圓形
橢圓形珍珠。

圓環形
表面有環狀紋路。

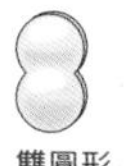

雙圓形
兩個連接的圓形。

鈕扣形
一邊是平面的，一邊是饅頭形。

不規則形
形狀不規則的變形體。

珍珠的顏色

珍珠的顏色大致可區分為白、奶油米色、銀、粉紅、金黃、藍、黑等7大類顏色。

奶油色　金黃色　黑色

‧‧‧‧珍珠顏色的不同，是因為珍珠層裡含的蛋白質色素不同所造成的。日本珠即是因為這薄薄的黃色素重疊了好幾層後，形成了奶油色系及金黃色系的珍珠，黑珍珠的情形也是一樣，是因為黑蝶貝和馬貝所擁有的色素而形成。

藍色　銀色

‧‧‧‧植入珠核時所造成的傷口滲出血液、體液及貝類自身的生理現象而排出的有機物，附著在珠核周圍，珍珠形成時，這些有機物的顏色會透過薄薄半透明的珍珠層，形成看起來藍色或銀色的珍珠。

白色　粉紅色

‧‧‧‧珍珠中的碳酸鈣成份是白色結晶，所以珍珠原本應該是純白色，但是經過幾千層珍珠層薄膜的重疊，粉紅色系會引起所謂的「光干涉現象」，因此珍珠的白色表面會映照出粉紅色的光，形成粉紅色系的珍珠。

珍珠價值的判斷標準

珍珠的價值，基本上可以由以下6大重點來判斷：

①大小
珍珠若用於項鍊飾品時，一般大多是6mm到9mm的大小，超過9mm以上的非常稀少，因為稀少價格也就跟著變高。

②形狀
一般認為外形越圓越好，所以越接近圓形越有價值，至於鈕扣形及不規則形的變形珍珠則因為設計性高、適合創作而受設計家青睞。

③瑕疵
瑕疵越小越不明顯，品質就越好，雖然珍珠或多或少都會有瑕疵，但要特別注意瑕疵數量、大小、部位，盡量選擇瑕疵不明顯的珍珠。

④顏色
珍珠的顏色依個人喜好不同，很難說哪一種顏色最好，但是在日本，粉紅色和粉藍色最受歡迎。

⑤光澤
珍珠的光輝及光澤，要看珍珠表面是否平滑，越平滑越能散發出優美的光澤，光澤優美的珍珠表面甚至可以清楚地映照出自己的面容。

⑥卷度
珍珠卷度是指珠核取出後的珍珠層厚度，所謂的「卷度好」，是指珍珠層厚的意思。珍珠層的厚度可以用專門的儀器來檢測，珍珠層越厚的品質越好，色澤也越優美。

6月 June

月光石

——表面散發如月色般的光輝，是月光石名字的由來。

硬度 6〜6.5

特徵・歷史

表面研磨成圓形的話，會如月光一樣呈現乳白色的光彩（稱為「光帶現象」或「青白光彩」），這就是月光石名稱的由來。地球上的岩石中，長石約佔了6成，月光石就是其中一種，一般來說顏色是乳白色，但其他長石有好幾種顏色。長石類寶石有各種不同種類，像曹灰長石或日光石、斜微長石等就是其中幾種。

品質鑑定方法

光帶明確，變換寶石角度時，光帶也會平順地隨著移動者品質較佳，還有，凸面切割的輪廓及側面是否完美、高度是否足夠等也是影響品質優劣的關鍵。市面上有些雖然名稱上標示著月光石，事實上卻以其他礦物取代，購買時要特別注意。

石語・石能量

石語　戀愛的預感・健康和幸運

石能量
- ◆豐富感受能力，提升第六感。
- ◆賦予預知的能力。
- ◆贈與愛人加深感情。

月光石的傳說

月光石的名稱在17世紀之前，是引用希臘語「selene」月的意思，稱為「selenites」。據說在月光昏暗的夜裡，能夠照亮黑暗引導旅人的路途，所以又被稱為「旅人之石」，長久以來就被認為可以守護旅行的安全，特別是航海的安全。傳說月亮的盈缺會讓月光石內的火焰產生變化，據古羅馬時代的博物學者普里尼斯所著作的『博物誌』中記載道：月光石的形體會隨著月圓月缺而產生變化。據說16世紀的英王艾德華六世就是透過此石預知未來，以進行施政的參考。還有，古代印度尊稱月光石為月亮居住的「聖石」，從事農業工作的人，會將此石配掛在農具上以祈求農作物豐收。

DATA

產地　斯里蘭卡、印度、馬達加斯加島、緬甸、坦尚尼亞、美國　等

切割方式

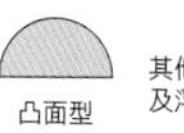

凸面型

其他花式切割及浮雕　等

注意點　月光石是由扁平而薄的結晶體重疊而成的結構，硬度低很容易剝離破裂，所以請勿以超音波震動洗淨並避免撞擊。

顏色多樣性　乳白、綠、粉紅

手鍊（月光石、SV）／99,750日圓④
墜子（月光石、SV）／210,000日圓④

7月 July 紅寶石

從粉紅到湛藍，各種顏色多樣繽紛。

Ruby

別名‧紅玉　硬度⑨

特徵‧歷史

屬於剛玉的礦石中，紅色的稱為紅寶石，其他顏色的剛玉一律都稱為藍寶石。紅寶石因為含有鉻所以呈現紅色，從粉紅色到深紅色，濃淡都有，淡粉紅色也稱為「粉紅藍寶」，依照產地不同，紅色的深淺也有所差別，各有不同的名稱。

品質鑑定方法

透明度高是判斷品質的一個重點，若要選擇色深的紅寶石，請選擇在微弱照明之下不呈現黑色者為優良品質。被稱為「鴿血紅」的紅寶石，透明度高，在純淨的紅色中帶有一絲似有若無的藍色，是紅寶石中的極品，占剛玉總產量不到0.1％，還有，切割後會產生星光效果（請參照Ｐ１２５），所以被稱為「星光紅寶石」。

石語‧石能量

石語　熱情‧仁慈‧威嚴

石能量
◆讓人勇敢。
◆召來幸運。
◆去除不安及恐懼，給予實現夢想的勇氣及熱情。

紅寶石的傳說

古印度尊稱紅寶石為「寶石之王」，紅寶石英文「Ruby」，源自於拉丁文「rubeus」，為「紅色」的意思。紅寶石在歐洲長久以來就是象徵鮮血、火焰及熱情，人們深信紅寶石可以為人帶來勇氣和威嚴，尤其是士兵們，上戰場時如果配戴紅寶石的話，據説會得到羅馬神話中代表火焰及戰神的馬爾斯眷顧，賦予士兵一顆勇敢的心，避免受傷。另外據説紅寶石能為人帶來幸福，但若「色澤褪色即會招致不幸」，傳説16世紀的英國王妃凱薩琳擁有一顆紅寶石戒指，有一天突然褪色了，不久英王亨利八世即因為凱薩琳無法生出繼承王位的子嗣而與她離婚，娶了女侍安布琳為妻。

DATA

產地	緬甸、斯里蘭卡、泰國、坦尚尼亞、肯亞、巴基斯坦、越南 等
切割方式	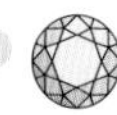 明亮型　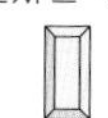 階梯型　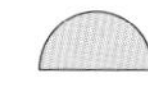 凸面型　其他混合式 等
注意點	硬度之高僅次於鑽石，可以強力抗熱抗酸，為了不傷及其他寶石，請單獨個別存放保管。
顏色多樣性	僅紅色

項鍊（紅寶石、鑽石、牛奶繩）／490,350日圓⑲
戒指（紅寶石、WG）／90,300日圓⑲

7月 紅寶石
與顏色有關的傳說

紅寶石價值珍貴，因此被推崇為「寶石女王」。長久以來也流傳很多有關於紅寶石顏色的說法，在此介紹其中較為有名的說法。

紅色的寶石都稱為紅寶石嗎？

如燃燒般艷紅的色澤，讓人不禁聯想起熊熊的火焰，古代希臘及羅馬則以「燃燒的石炭」來稱呼紅寶石。過去一直無法明確的辨識寶石，一直到中世紀，仍將石榴石或電氣石（碧璽）、尖晶石等紅色的寶石，一律稱之為「Rubai」，也就是後來所說的Ruby紅寶石，尤其是尖晶石，在18世紀被確定為是另一種寶石之前，人們深信尖晶石就是紅寶石。

黑太子紅寶石

英國王室的王冠正面，鑲嵌著一顆重達170克拉的紅色寶石，這就是眾所皆知的「黑太子紅寶石」，這顆舉世知名的紅寶石，在14世紀時，由西班牙國王贈送給英國皇太子艾德華，英皇太子將這顆紅寶石繫在黑色的甲冑上，這就是「黑太子紅寶石」的由來。

後來的亨利5世，也穿著甲冑挑起戰爭，並且裝飾在歷代國王的王冠上，被當作極為珍貴的寶石來保管，長時間以來人們深信它是紅寶石，但是，經過多年之後，寶石的識別技術進步，經過專業鑑定後，確定它是屬於紅色的尖晶石，即使如此，英國到現在仍稱其為「黑太子紅寶石」，陳列在倫敦塔。

左方戒指（玫瑰灰石、鑽石、WG）／336,000日圓①　右方戒指（石榴石、鑽石、WG）／288,750日圓⑲
項鍊（石榴石、鑽石、WG）／131,250日圓⑲

Column

容易混淆的寶石偽品

為了要以假亂真，提高販賣的價格而特意在偽品之前冠上高級寶石的名稱，我們稱之為「偽寶石」，如果可以留心這些偽寶石的名稱，選購時應該就不會混淆上當了。

冠上的寶石名稱	偽寶石名稱	正確寶石名稱
鑽石	非洲鑽石	無色拓帕石
	阿拉斯加鑽石	無色水晶
	錫蘭鑽石	無色鋯石
	黑鑽石	赤鐵鋼
	法國鑽石	無色玻璃
紅寶石	亞利桑那紅寶石	鎂鋁榴石
	開普敦紅寶石	鎂鋁榴石
	蒙大拿紅寶石	紅石榴石
	西伯利亞紅寶石	紅色電氣石
	巴西紅寶石	紅色拓帕石・紅色電氣石
	波希米亞紅寶石	紅石英
剛玉	水藍寶	堇青石・無色拓帕石
	烏拉爾藍寶	藍色電氣石
	巴西藍寶	藍色拓帕石
	豹紋藍寶	堇青石・無色拓帕石
祖母綠	晚宴祖母綠	橄欖石
	烏拉爾祖母綠	石榴石
	東方祖母綠	綠色剛玉
拓帕石	印地安拓帕石	黃色剛玉
	東方拓帕石	黃色剛玉
	橙色拓帕石	黃水晶
翡翠	非洲玉	綠色鈣鋁榴石
	特蘭斯瓦翡翠	綠色鈣鋁榴石
	亞馬遜玉	天河石
	印度翡翠	綠色砂金水晶
	澳洲玉	綠玉髓
	加州玉	加州石
	科羅拉多玉	天河石
珍珠	巴黎珍珠	模造珍珠
石榴石	桃色榴石	粉紅鈣鋁榴石

8月
August
橄欖石
——橄欖綠色調中
隱隱透出沉靜的柔美。

Peridot

硬度 6.5～7

特徵・歷史

被稱為「olivine」的礦物中，具有寶石優美特性的稱為「橄欖石」，日文稱之為「橄欖」，也就是橄欖石，不管哪一種說法，都是源自於寶石本身具有的橄欖綠色彩，橄欖綠的顏色是因為此石的主要成分是由鐵所造成的，寶石表面透露出彷彿塗了油脂般的光澤，這一點是其他寶石所未見的特徵，而且，當光線進入寶石後會形成兩道光，這就是有名的雙折射現象，從寶石的上方桌面往內看，底部刻面的稜線會成為重疊的雙影。

品質鑑定方法

瑕疵少、茶色不會太過強烈且散發出優美橄欖綠色的橄欖石，品質較為優良。緬甸及中國所開採的橄欖石體積大且品質優良，1994年在巴基斯坦的喀什米爾地方，發現了新的礦山，這裡所出產的橄欖石品質更為優良，因此受到全球的注意。

石語・石能量

石語　幸運・夫妻和睦

石能量
◆消災解厄，迎向光明未來。
◆帶來身心的平和和幸福。
◆發揮主人內在的優美。

橄欖石的傳說

在古埃及時代人們尊崇橄欖石為「太陽寶石」或「太陽飛來的寶石」等，即使在黑暗中也能發出閃閃光輝的特性，代表著即使在困難的環境下，也能散發出希望之光，被當作是象徵「迎向光明未來的寶石」而受到重視。因為橄欖石的光輝類似祖母綠，因此也稱為「夜晚祖母綠」。美國原住居民認為橄欖石可以驅趕惡靈及邪氣，遠離詛咒及惡魔，永不失去原始的能量。據說古代稱此石為「拓帕石」，所以直至中世紀以來所有有關拓帕石的傳聞，指的其實都是橄欖石。

DATA

產地　埃及、美國、中國、巴基斯坦、緬甸、墨西哥、挪威、澳大利亞、巴西、肯亞、俄羅斯　等

切割方式

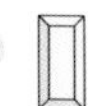
階梯型

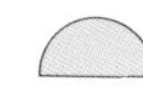
凸面型

其他混合式 等

注意點　橄欖石是屬於比較容易擦傷及失去光澤的寶石，若向同一個方向施加強力，很容易斷裂，盡量避免以超音波震動洗淨。

顏色多樣性　僅有綠色

短項鍊（YG）／147,000日圓㉕　墜子（橄欖石、YG）／294,000日圓㉕
戒指（橄欖石、YG）／315,000日圓㉕　耳環（橄欖石、YG）／420,000日圓㉕

8月
August
條紋瑪瑙
紅、白相間的條紋是條紋瑪瑙的特徵。

別名＊纏絲瑪瑙　硬度 7

特徵・歷史

紅褐色的瑪瑙和白色條紋的的縞瑪瑙混合而成，不管是紅還是白，都是瑪瑙的一種。Sard是「紅」的意思，Onyx是「指甲」的意思。以寶石來說價值並不是非常高，但是因為加工容易，從古羅馬時代開始，就常被作為寶石飾品之外的各種雕刻材料、印材等，受到人們的喜愛，據說條紋瑪瑙具有「提高人類五感能力」「遠離沉溺的慾望、謹慎人類行為」的力量。

品質鑑定方法

寶石上的條紋圖案看起來優美即是優良品質，若同時擁有黑、白、紅褐色三層顏色，分別象徵「謙虛、美德和勇氣」。選購浮雕或雕刻品的時候，可以選擇具有顏色層次樂趣的作品。

石語・石能量

石語　夫妻的幸福及和睦

石能量　◆去除憂傷。
◆增進說話的技巧。

條紋瑪瑙的傳說

在希臘神話中，有幾則與條紋瑪瑙相關的傳說。話說某一天，淘氣的邱比特玩耍時，不小心用箭射斷了沉睡中的維納斯的腳趾甲，指甲的碎片落進印度河，就變成了現在的條紋瑪瑙……。其英文名稱的Onyx就是「指甲」的意思，到底是先有神話？還是先有名稱？現在已經無法考證，但是自古以來，條紋瑪瑙就與代表著「愛與美」的女神維納斯有密切關係，舉例來說，人們都知道條紋瑪瑙可以守護夫妻之間關係和諧，以及增強戀人之間感情的強度，可說是象徵「愛」的寶石，世人都深信條紋瑪瑙可以完成邱比特的任務。另外也有人認為，擁有條紋瑪瑙可以避免悲傷的事情發生，帶來幸福與美滿。

DATA

產地　巴西　等

切割方式

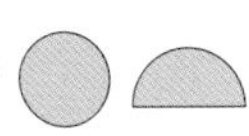

注意點　具有一定的硬度，所以保管上比較容易，但還是不要疏忽了保養，使用後要以柔軟的布擦拭。

顏色多樣性　白、紅色條紋圖案

項鍊、手鍊、戒指／全為參考商品③

9月

September

藍寶石

——除了藍色之外，還有黃、綠、紫等各種顏色。

Sapphire

別名＊藍玉　硬度 9

特徵・歷史

和紅寶石一樣，是屬於剛玉的一種礦物，除了紅色剛玉稱為紅寶石之外，其他顏色的剛玉一律都稱為「Sapphire」。雖然有各種不同的顏色，但是一般只有藍色的才稱為Sapphire（藍寶石），其他顏色都會在Sapphire前面冠上顏色來稱呼，例如黃藍寶石、綠藍寶石等。純粹的剛玉是無色的，但因為含有少量的鉻（如紅寶石）或含鐵和鈦（如藍寶石）等不純物，才會產生不同顏色的變化。此外，還有一種以錫蘭語命名的藍寶石叫做「padparadscha」，意思是「蓮花」，粉紅色中帶有橙色，因為顏色稀少而非常珍貴，也被稱為「夢幻寶石」。

品質鑑定方法

透明度高，不帶黑色的藍寶石品質較佳。最上等的藍寶石是印度產的「Cornflower Blue（矢車菊藍）」，純淨鮮豔的藍色調中帶著一抹淡淡紫色，非常優美。

石語・石能量

石語　誠實・愛情・德望

石能量　◆遠離色慾及偏邪的想法、安頓身心。
◆真實、奉獻和意志。

藍寶石的傳說

古波斯帝國認為藍寶石是「支撐大地的寶石」。當時的人們認為整個世界就像覆蓋上一個巨大的藍寶石一樣，那閃耀的藍色整個映照在天空上，呈現出一片天藍。還有，據說在舊約聖經的『出埃及記』中記載道：天神授予摩西十戒的2片石板，就是由藍寶石製成。因此，藍寶石是只有賢者和聖職者才可以碰觸的寶石，12世紀以後的歐洲，聖職者的右手經常戴著象徵神聖的藍寶石戒指。據說文藝復興鼎盛時期，羅馬法王辛克斯多斯4世，連死時都戴著重達300克拉的藍寶石戒指一起下葬。

DATA

產地　緬甸、斯里蘭卡、泰國、澳大利亞、印度、柬埔寨、美國、坦尚尼亞、中國、奈及利亞　等

切割方式

明亮型　凸面型　其他花式 混合式　等

注意點　硬度夠，所以保養上比較容易，要注意不要傷及其他寶石，最好是個別保管。

顏色多樣性　藍、紫、黃綠、黃、粉紅、無色

右方鍊子（YG）／34,650日圓⑧　右墜子（藍寶石、祖母綠、YG）／126,000日圓⑧
左方鍊子（SV混合銠加工）／8,610日圓⑧　左墜子（藍寶石、祖母綠、SV混合銠加工）／37,800日圓⑧
裸石（藍寶石）／各2,700日圓⑩

9月 藍寶石

彩色剛玉・璀璨多彩

除了藍色的剛玉稱為藍寶石之外，其他顏色的剛玉都總稱為「彩色剛玉」，有黃、綠、紫、橙及無色等顏色。

黃色剛玉	接近橙色的優美色澤稱之為「黃金剛玉」，因為產量稀少而價值珍貴。
綠色剛玉	大部分的綠色剛玉都帶有黑色，純粹綠色的剛玉非常罕見。
紫色剛玉	指藍色剛玉中，較偏紫色的剛玉，從近藍色到接近紅色都有，是紫色寶石中價格最高的。
橙色剛玉	顏色幅度很寬，從近黃色到有如紅寶石一樣的紅色都有，紅色較強的稱為「落日」的顏色。
無色剛玉	不含鉻、鐵、鈦等不純物，無色透明的剛玉

「padparadscha」蓮花剛玉

剛玉當中，有一種帶橙色的粉紅色剛玉，稱為「padparadscha」剛玉，非常罕見，所謂的「padparadscha」是錫蘭語中「蓮花」的意思，此名稱專屬於這種顏色特別的剛玉，是剛玉中除了紅寶石之外，唯一擁有專屬於自己名稱的剛玉。

「Padparadscha剛玉」並沒有國際認定的顏色標準，若要定義的話，只能認定為「出產於斯里蘭卡，介於紅寶石和橙色剛玉之間的中間色」，至於價值如何認定，必須依據各種不同的條件來判斷。有一段時期，市面上出現只有表面顏色相同的仿造padparadscha蓮花剛玉，使蓮花剛玉在市場上失去信用，但是現在已經有足夠的技術可以鑑別真偽。

粉紅剛玉是紅寶石？

「如果紅寶石與藍寶石都是剛玉，那麼粉紅色剛玉應該就是顏色較淡的紅寶石……」，其實一般人會這麼想也是無可厚非的事，實際上粉紅色和淡紅色並沒有明確區分的基準，市面上也經常混淆不清。以礦物來說，紅色是光譜色的其中一色，粉紅色卻不包含在光譜色內，而被認為是較明亮的紅紫色，可以使用分光器來鑑別。

Column

與剛玉類似的寶石

各式各樣你能夠想到的天然寶石，在礦物學上將其大致區分為20類，在此介紹我們所熟知的天然寶石來區分種類。

基本礦物名稱	顏色等差異	礦物名稱
石英	透明結晶質	無色水晶、紫水晶、黃水晶、煙水晶、針水晶　等
	半透明塊狀 （不含結晶面）	粉紅水晶 砂金水晶　等
	半透明～不透明、潛晶質 （極細微的結晶粒聚集）	玉髓：紅玉髓、綠玉髓 瑪瑙、黑瑪瑙　等
	不透明、含有一定比例不純物的石英聚集	碧玉、血石　等
剛玉	紅色系剛玉	紅寶石
	紅色以外的剛玉	Sapphire 「藍寶石 (Sapphire)、 黃色藍寶 (Yellow Sapphire)、 綠色藍寶 (Green Sapphire)、 蓮花剛玉 (Padparadscha)、 無色藍寶」
柱石	綠色系列	祖母綠
	藍色系列	海藍寶石
	黃色・金黃色系列	金綠柱石
	粉紅系列	摩根石
	無色	白綠玉
綠柱石	紅色系列	紅色綠柱石
	根據光線不同而產生由紅色轉藍色現象	亞歷山大石（變石）
	產生星光效果	貓眼石
	其他	綠柱石
電氣石（碧璽）	深色粉紅～紅色	紅色電氣石
	深藍色	靛青電氣石
	褐色	鎂電氣石
	無色	無色電氣石
	深褐色~黑色	黑色電氣石
	其他	綠色電氣石　黃色電氣石　等
		西瓜電氣石　等

10月
October
蛋白石

具有遊彩效果，呈現彩虹般的光輝。

特徵・歷史

因為蛋白石是潛藏於地殼中的二氧化矽（在人造產品中，大家所知的乾燥劑中所含的矽膠）硬化之後所形成，所以含有少量的水分。火山熔岩中所形成的蛋白石和砂岩中所形成的蛋白石之間有很大的不同。依照觀看角度的不同，會發出虹色般的「遊彩效果」（play of color），能發出多彩顏色的蛋白石稱為「貴蛋白石」，而不透明無法發出遊彩效果的蛋白石稱為「普通蛋白石」，普通蛋白石以底色優美為其特徵。

品質鑑定方法

透明度高、顏色鮮豔的品質為佳，另外，花色均勻也是選擇的重點。和黑色或透明的寶石相嵌，雖然可以使顏色鮮豔卻會降低寶石價值。

石語・石能量

石語　克服困難而得到幸福

石能量　◆引發內在的美及才能。
◆從事創意活動時可以帶來靈感。

蛋白石的傳說

據說在古羅馬時代，蛋白石就被尊崇為象徵幸福和希望的「神之寶石」。博物學者普里尼斯在他所著作的『博物誌』中有一段關於蛋白石的敘述，非常有名。西元前一世紀，羅馬的元老議員諾尼斯手上就配戴著10㎝大的蛋白石戒指，安東尼將軍知悉後，想要將這顆蛋白石送給妻子埃及豔后克利佩卓當作禮物於是央求諾尼斯讓出這顆寶石，但遭到拒絕，後來安東尼統治羅馬後，就將諾尼斯驅逐出羅馬，雖然如此諾尼斯還是堅持帶著這顆蛋白石悄悄離開羅馬，之後就沒有人知道他的下落了……，對諾尼斯來說，蛋白石可以說是比自己更重要的無價之寶吧！

DATA

產地　澳大利亞、墨西哥、巴西、印尼、美國、宏都拉斯、捷克、坦尚尼亞、祕魯 等

切割方式

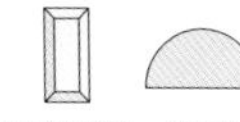

矩形階梯型　凸面型　其他浮雕式 等

注意點　過熱及乾燥容易造成裂痕，使用保養上要特別注意，為了避免引起裂痕或受傷，請勿以超音波震動洗淨。

顏色多樣性　乳白、紅、黃、綠、灰、黑

戒指（蛋白石、G）／⑦　鍊子（G）／⑦
墜子（蛋白石、鑽石、G）／⑦　耳環（蛋白石、G）／⑦

10月 October

粉紅電氣石（粉紅碧璽）

精緻的粉紅色，
徹底展現完美女人味。

Pink tourmaline

別名＊電氣石　硬度 7～7.5

特徵．歷史

電氣石加熱及加壓後會產生電氣效應，因此命名為電氣石。顏色豐富多樣的電氣石當中，粉紅色澤的稱為「粉紅電氣石」。深粉紅色～紅色～紫色的電氣石稱為紅色電氣石（rubellus），是拉丁文中「紅色」的意思，紅色電氣石不管是在自然光或人工燈光下，都會散發出如紅寶石般的紅色。同樣都是紅色電氣石，但是如果光源改變，顏色也會隨之變成粉紅色的電氣石，則稱之為「粉紅電氣石」。

品質鑑定方法

透明度高、不摻雜黑色或茶色的純粹粉紅色，品質較佳，雖然寶石內側會看見裂痕，但這是電氣石特有的現象，也是寶石天然的證據。

石語．石能量

石語　寬廣的心．貞潔．深思熟慮

石能量　◆釋放負離子，增進健康。
◆提高集中力及感受性。
◆增進友誼，建立新友誼。

粉紅電氣石的傳說

依照電氣石顏色的不同，所擁有的能量也不同，其中聽說粉紅電氣石具有加深戀人之間愛情的能力。至於其他顏色的功能如下：紅色可以提高注意力，發揮自我個性；藍色可以豐富內在心靈世界，增強愛與慈悲的能力；褐色可以圓潤人際關係，增強目的意識；綠色可以治癒疲憊的心靈，提高積極性，帶來幸運與財富；黑色可以消除消極負面的情緒，提高生命能量；若將無色的電氣石和有色電氣石一起使用的話，更可以提高電氣石的能量…等。有時一個結晶體裡會呈現不同顏色，據說顏色越多能量越強，雖然誕生石選的是粉紅電氣石，卻不必受限於此，可以視心情選擇不同顏色的電氣石來配戴，如此能更享受不同顏色所帶來的樂趣。

DATA

產地　巴西、美國、坦尚尼亞、肯亞、非洲東部辛巴威（Zimbabwe）、馬達加斯加 等

切割方式

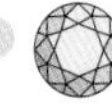
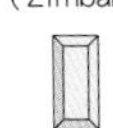
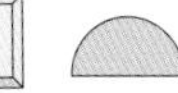

明亮型　矩形階梯型　凸面型　其他花式 等

注意點　過熱及乾燥容易造成裂痕，使用保養上要特別注意，為了避免引起裂痕或受傷，請勿以超音波震動洗淨。

顏色多樣性　乳白、紅、黃、綠、灰、黑

項鍊（粉紅電氣石、鑽石、YG）／980,000日圓㉖
耳環（粉紅電氣石、YG）／295,000日圓㉖

11月 November 拓帕石（黃玉）

——有黃、藍、粉紅、橙等色彩，變化豐富。

Topaz

別名＊黃玉　硬度⑧

特徵・歷史

拓帕石又名為黃玉，一般人總是認為拓帕石是黃色的寶石，其實拓帕石顏色豐富，色彩多樣化，尤其是近年來，具有透明感的藍色拓帕石，在寶石市場上人氣很高，非常受大眾喜愛，銷售率佔了寶石飾品的大半。另外，擁有雪莉酒般色澤的「帝王拓帕石（Imperial Topaz）」和粉紅色的拓帕石，自古以來就因為產量稀少，價值昂貴。天然的粉紅色拓帕石產量非常稀少，大部份都是以黃色拓帕石經過加熱處理而成，市面上也有很多是經過放射線處理加工成各種不同的顏色，這些經過人工處理過的寶石，相對價值較低。

品質鑑定方法

透明度越高品質越好，帝王拓帕石顏色要選擇近紅色的橙色，才是真正優良的帝王拓帕石，市面上有時會將黃水晶冠上拓帕石的名號後出售，購買時一定要小心辨識。

石語・石能量

石語　希望・友情

石能量　◆增強腸胃的健康及食慾。
◆提高新陳代謝、創造性及感受性。

拓帕石的傳說

關於拓帕石的名字，有如此一說：據說拓帕石在很早以前，就在漂浮於紅海之上的拓巴索斯小島上進行開採，但是這座島經年籠罩在濃霧之中，要抵達此島非常困難，在希臘文中「topazos」就是「找尋」的意思，因此將這座島命名為「拓巴索斯」，而這座島上所開採的寶石則稱為「拓帕石」。

據說這個故事中的拓帕石，其實是橄欖石。從古代到中世紀期間，有些國家將橄欖石稱為拓帕石，所以寶石名稱總是混淆不清，讓人混亂，現在則根據國際協定，將橄欖石正式命名，名稱統一後就不會再和拓帕石混淆不清了。

DATA

產地　巴西、巴基斯坦、美國、墨西哥、俄羅斯等

切割方式

明亮型

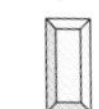
矩形階梯型

其他混合花式　等

注意點　硬度雖然高，但若向同一方向施加強力的話，很容易產生斷裂，此外，也會因為熱及光而褪色，要特別注意。

顏色多樣性　藍、紅、粉紅、褐、橙、無色

垂墜耳環（藍色拓帕石、黑瑪瑙、鑽石、YG）／2,050,000日圓㉖　戒指（藍色拓帕石、YG、WG）／450,000日圓㉖
裸石（帝王拓帕石）／各16,500日圓⑩

11月
November

黃水晶

——色澤黃澄優美的黃水晶，其原名Citrine是法文中「檸檬」的意思。

特徵・歷史

如同名稱字面上的意義，是指黃色或金黃色的水晶，據說是來自法文「citron」檸檬之意。黃水晶的黃色是因為內含有鐵質的關係，天然黃水晶大多是淡黃色，而且產量非常稀少，因此市面上所出售的黃水晶，幾乎都是紫水晶或煙水晶，經過加熱處理後加工而成的黃色。也因為經常被拿來仿造拓帕石，所以也稱為「褐色拓帕石」。

品質鑑定方法

不帶黑色、純粹的顏色品質較佳，至於顏色的濃度會因產地的不同而有所差異。巴西所生產的黃水晶，顏色介於橙色和紅色之間，看起來就像馬德拉群島的特產雪莉酒，因此稱之為「馬德拉黃水晶」，價值相當昂貴。

石語・石能量

石語　友愛・希望

石能量
- ◆帶來商業的繁榮和財富。
- ◆去除深沉的悲傷或緊張，給予新的能量。
- ◆給予自信和希望，提高意志力。

黃水晶的傳說

黃色～金黃色的黃水晶，自古以來被稱為「象徵太陽的寶石」。人們相信黃水晶如陽光般燦爛的光芒，能一掃人類心中的黑暗，消除迷惘及煩惱，為配戴者帶來自信與希望，提高生命力，給予身體完全的能量，守護身心的健康。長久以來，黃水晶也是象徵生意興隆和財富的「幸福寶石」，據說可以吸引人潮聚集，讓生意順利進行，累積財富和財產。另外，中世紀的歐洲，黃水晶和橄欖石（P40）一樣，也被稱為拓帕石，非常受上流社會人士的喜愛，當時人們稱之為「黃水晶・拓帕石」。

DATA

產地　巴西、越南、美國、西班牙、俄羅斯、法國、蘇格蘭　等

切割方式

明亮型

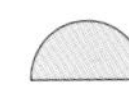
凸面型

其他花式　等

注意點　市面上所販售的黃水晶，大部份都是經過加熱處理才變成黃色，容易因為強光及強熱而褪色。

顏色多樣性　黃、金黃色

項鍊（黃水晶、鑽石、WG）／340,200日圓⑲　耳環（黃水晶、鑽石、WG）／246,750日圓⑲
戒指（黃水晶、WG）／99,750日圓⑲

12月
December

土耳其石

土耳其石的顏色
從深藍色到近綠色都有。

Turquoise

別名・綠松石　硬度 5~6

特徵・歷史

土耳其石的特徵是擁有被稱為「土耳其藍」的鮮豔藍色，依照產地不同，顏色從藍色到綠色，有各種各樣的顏色組合，因為內含銅和鐵的關係而形成藍綠色澤，含銅較多則顏色較偏藍色，含鐵較多則偏綠色。因為質地非常纖細，容易褪色，特別是墨西哥和美國所出產的深綠色土耳其石，褪色更快，即使是品質優良的土耳其石，為了避免褪色，大多會進行塑膠、樹酯類物質填充，效果較為持久。

品質鑑定方法

伊朗所生產的藍色土耳其石，顏色濃度深，綠色不明顯，非常受市場歡迎，可說是品質優良的土耳其石。表面黑色或褐色的網狀石脈紋路，如果分布均勻，底色優美的話，其價值等同於無石脈紋路的土耳其石，市面上有各式各樣的模造品及加工品，選購時要特別注意。

石語・石能量

石語　成功和繁榮・健康的身體

石能量
◆消除緊張，去除精神上的疲勞。
◆遠離邪惡及危險，守護平安。
◆提高行動力。

土耳其石的傳說

從西元前數千年開始，土耳其石就被用來驅魔，據說「比起自己購買土耳其石，不如從別人手上得到土耳其石來的幸福」，尤其是由女性贈送給男性效果更為加倍，而贈送的女性也可以得到莫大的幸福。中世紀以來，人們深信「當危險靠近時，土耳其石會改變顏色來警告主人」，保護主人不致遭受危險及不幸，甚至，配戴著土耳其石思念所愛的人，所愛的人也可以得到保護，因此，土耳其石被當作能保護身邊週遭人的保護石。雖然名字為土耳其石，事實上並非產自土耳其，而是在伊朗生產，之後經由土耳其運往地中海方向，傳入歐洲，因此被命名為土耳其石。

DATA

產地　伊朗、美國、埃及、中國、墨西哥、巴西、澳大利亞 等

切割方式

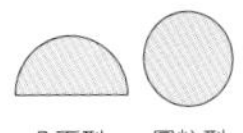

凸面型　圓粒型　其他花式 等

注意點　土耳其石質地較軟、具多孔性、水分較多，是質地較纖細的寶石，因此對於水或強熱、衝擊、化學藥物等抗力較弱，容易變色，使用上要特別注意。

顏色多樣性　藍、綠

戒指（土耳其石、銅）／86,100日圓⑰　手鍊（土耳其石）／262,500日圓⑰
手鐲（土耳其石）／252,000日圓⑰　裸石（土耳其石）／各5,300日圓⑩

12月 December

青金石

——藍色間參雜金色光點，被尊崇為「宇宙之石」。

Lapis lazuli

別名 ● 天青石　硬度 5~5.5

特徵・歷史

青金石是指由天藍石等數種礦物構成的藍色寶石，大部份的青金石中含有黃鐵礦，所以表面有金色的小斑點，青金石「Lapis lazuli」的名稱是由兩種語文組合而來的，「Lapis」源自拉丁文，意思是「石頭」，「Azul」源自波斯語，是「藍色」的意思。

雖然是世界上最古老的寶石之一，可是據說歐洲一直到中世紀之前，青金石仍被稱為「Sapphire」（Sapphire的拉丁文意思也是藍色之意），自古以來不只被當作飾品，也用來作為深藍色及天空藍的顏料。

品質鑑定方法

購買時請選擇未經染色，純天然的品質較佳，表面沒有其他斑點，底色深藍，含有黃鐵礦的金粉圖案是青金石美麗的特點，如果白色紋路過多則會使價值下降。

石語・石能量

石語　成功的保證

石能量
- ◆調和人際關係。
- ◆去除邪念、忌妒、不安。
- ◆提高智慧和洞察力、決斷力。

青金石的傳說

藍色夜空中，閃耀著無數星星般的青金石，象徵著引導夜晚的旅人。據說在古埃及和美索不達米亞平原，青金石被尊崇為守護幽冥旅者的寶石。就連美索不達米亞神話裡象徵美麗與豐富的女神伊秀塔爾要赴幽冥界時，身上也配戴青金石當作護身符。在埃及青金石被稱為「天空和冥界之神・奧塞烈司之石」，象徵守護最高真理之秘密護身符，常被當作木乃伊及墳墓的陪葬品，在法老王圖坦卡門（Tutankhamun）的墓穴中，發現不管是棺木或是陪葬品都大量使用了青金石。有名的黃金面具眼睛周圍的青色部份也是青金石。

DATA

產地：阿富汗、塔吉克、智利、美國、加拿大、緬甸、安哥拉人民共和國　等

切割方式：

凸面型　其他浮雕式 等

注意點：青金石是屬於質地非常柔軟、細緻的寶石，若碰上鹽酸會產生化學反應釋放出硫化水素使青金石膠質化，因此打掃的時候一定要記得取下。

顏色多樣性：僅有青色

耳環（青金石、K）／21,000日圓⑥　鍊子（青金石、K）／34,650日圓⑥
墜子（青金石、K）／18,900日圓⑥

Column

誕生石的歷史

誕生石到底是從何時開始成為普羅大眾垂手可得的飾品呢？現在每個月的誕生石是如何決定的呢？

起源

誕生石的由來並不確定，相關說法有好幾種，舉其中一種最有名的說法。在舊約聖經的「出埃及記」裡記載：猶太教祭司的護胸甲上鑲嵌了12顆寶石，還有新約聖經的「啟示錄末卷」中也提及耶路撒冷城牆上裝飾了12種類的寶石，更早之前的巴比倫帝國已找出12星座與星座石之間的微妙關係…諸如此類的說法眾多，但是像現在這樣，人們普遍將誕生石配戴在身上的習慣，據說是由移居波蘭的猶太人所建立的。

現在的誕生石

進入20世紀後，大量的猶太人移居美國，因此也將配戴誕生石的習慣帶到美國新大陸。1912年美國的美國寶石商業協會，正式決定了12個月份的「誕生石」，在1952年改定成現在的誕生石種類，但是美國在1937年，日本在1958年分別制定屬於自己國家的誕生石，這些誕生石受到人們的喜愛及寶石商們的販賣策略哄抬，漸漸地不同於以往的價值。

誕生石和猶太人

由誕生石的歷史裡，隱約可見猶太人的歷史，猶太人長期以來就因為種種原因而遭受迫害，14世紀波蘭統一之後，為了振興國家財政經濟，大大重用精於做生意的猶太人，於是在各地遭受迫害的猶太人紛紛在波蘭立足生根，因此，自以前就很重視寶石的猶太人，在18世紀時將配戴誕生石的習俗推展開來，對猶太人來說，小巧便於攜帶且價值昂貴的寶石是很適合販賣的商品，後來波蘭因為戰爭及內戰而導致國家分裂，再度失去立足之地的猶太人只好遠渡重洋遷移到美國，也隨之將配戴誕生石的習慣帶到美國，現在大家配戴誕生石的習慣，可説是拜擅於做生意的猶太人所賜。

（左上）項鍊（紫水晶、鑽石、PG）/280,350日圓⑲　戒指（紫水晶、鑽石、粉紅剛玉、WG）/483,000日圓①
（右下）左方項鍊（藍寶石、鑽石、WG）/228,900日圓⑲　左方戒指（藍寶石、鑽石、WG）/127,050日圓⑲
右方項鍊（橄欖石、鑽石、WG）/166,950日圓⑲　右方戒指（橄欖石、鑽石、WG）/191,100日圓⑲

Column

各國誕生石的差異

誕生石因國家不同，有些許的差異。日本所制定的誕生石種類中，最大的特徵是將自己國家所產的珊瑚列入，也有人說：這是為了和日本3月的女兒節（桃子節）配合，特別將桃色的珊瑚列入。

	日本	美國	英國	澳大利亞	加拿大	法國
1月	石榴石	石榴石	石榴石	石榴石	石榴石	石榴石
2月	紫水晶	紫水晶	紫水晶	紫水晶	紫水晶	紫水晶
3月	海藍寶石 血石 珊瑚	海藍寶石 血石	海藍寶石 血石	海藍寶石 血石	海藍寶石	紅寶石
4月	鑽石	鑽石	鑽石 水晶	鑽石 風信子石	鑽石	鑽石 藍寶石
5月	翡翠 祖母綠	祖母綠	祖母綠 綠玉髓	祖母綠 綠色電氣石	祖母綠	祖母綠
6月	珍珠 月光石	珍珠 月光石	珍珠 月光石	珍珠 月光石	珍珠 貝殼	白玉髓
7月	紅寶石	紅寶石 亞歷山大石	紅寶石 紅玉髓	紅寶石 紅玉髓	紅寶石	紅玉髓
8月	橄欖石 條紋瑪瑙	橄欖石 條紋瑪瑙	橄欖石 條紋瑪瑙	橄欖石 條紋瑪瑙	橄欖石 條紋瑪瑙	條紋瑪瑙
9月	藍寶石	藍寶石	藍寶石 青金石	藍寶石 青金石	藍寶石	橄欖石
10月	蛋白石 粉紅電氣石	蛋白石 粉紅電氣石	蛋白石	蛋白石	蛋白石 虎眼石	珍珠 海藍寶石
11月	拓帕石 黃水晶	拓帕石 黃水晶	拓帕石	拓帕石	拓帕石	拓帕石
12月	土耳其石 青金石	土耳其石 風信子石	土耳其石	土耳其石	黑瑪瑙 風信子石	土耳其石 孔雀石

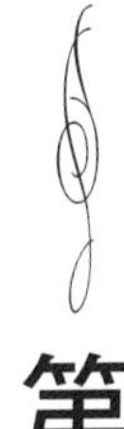

第二章

不可不知的天然寶石44

本章要介紹44種

可能會購買並具有代表性的天然寶石及飾品，

所有寶石介紹時都附帶飾品的照片，

除了可以更了解寶石之外，

或許還可以欣賞寶石飾品的另一種風貌。

右下戒指／79,800日圓⑰　右下項鍊／3,675日圓⑱　左上項鍊／32,550日圓⑬
左下項鍊／3,990日圓⑱　左上戒指／73,500日圓⑰　中央戒指／18,900日圓⑥　耳環／15,750日圓⑱

堇青石

—多色性明顯，依角度的不同，有時看起來呈藍色，有時看起來呈無色。

Iolite

別 名＊水藍寶、2向色石、閃光堇青石　硬度 7〜7.5

特徵・歷史

當作寶石飾品時稱為「Iolite」堇青石，但是在礦物學上稱為「矽酸鎂鋁」，因為擁有類似藍寶石的藍色，而且開採於斯里蘭卡的河床，所以也稱為「水藍寶」，此外堇青石還具有多色性，從表面看來是藍色，轉成90度後看起來卻像水一樣透明無色，因為此特性也被稱為「2向色石」，是別名很多的寶石。內混雜極稀少的鱗鐵礦，所以看起來會呈現紅色，所以也被稱為「閃光堇青石」。

品質鑑定方法

堇青石具有多色性，如果不依正確方向切割的話，無法呈現出堇青石擁有的美麗色澤，因此切割時要特別注意，2色的反差對比越清楚價值越高。

石語・石能量

石語　自我同一性

石能量　◆朝向目標，往正確的方向前進。
◆提升對事物本質的洞察力、理解力、直觀力。
◆節制。

堇青石的傳說

從前健行家及航海家們為了要知道自己所處的所在地而在身上配戴堇青石，被稱為「海上藍寶石」或是「健行者的羅盤針」。據說這些人利用堇青石向著陽光時顏色會產生變化的多色特性，切割出羅盤針的方角。北歐的敘事詩「薩加」裡敘述：從10世紀末到11世紀初時非常活躍的探險家，從歐洲渡過大西洋到達美洲大陸的「幸運萊弗」，據說萊弗・艾瑞克森就是帶著堇青石一起航行。因此，自古以來堇青石就是庇祐航海安全的守護神，另外聽說還有「配戴堇青石的戒指可以使幸福到來」的相關傳說。

DATA

產地　斯里蘭卡、緬甸、馬達加斯加、坦尚尼亞、印度、納米比亞、美國　等

切割方式

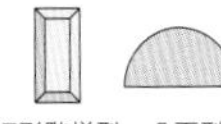

矩形階梯型　凸面型　　其他混合式　等

注意點　雖然硬度佳，對紫外線及化學藥物的抗力也很強，屬於容易保養的寶石，但還是要盡量避免超音波震動洗淨。

顏色多樣性　青、紫

戒指／745,500日圓㉕

Idocrase

別 名＊維蘇威石　硬度 6.5

符山石

類似翡翠的綠色符山石，
也被稱為「加利福尼亞玉」。

特徵・歷史

最初被發現於西元１７９５年，在義大利的維蘇威火山，因此符山石的別名為「維蘇威石」。一般的符山石為黃綠色或褐色，但是加州所產的綠色符山石，因為顏色類似翡翠而聲名大噪。

品質鑑定方法

透明度高的品質較佳，符山石很少用作珠寶飾品，僅為收藏者切磨。

石語・石能量

石語　默契・彼此的愛

石能量　◆驅除一切邪惡，帶來好消息。
◆阻斷不必要的緣分，連結必要的緣分。

符山石的傳說

據說擁有符山石的人，內心會充滿愛，並且能以平穩的情緒面對週遭的人，因產地及顏色的不同而有各種不同的稱呼，例如：綠色塊狀上有白色斑點，類似翡翠，產於加利福尼亞州的加利福石（也稱為加利福尼亞玉）、挪威所產的藍色青符山石、黃綠色的褐符山石及東歐產的綠色硼符山石等。

DATA

產地　美國、義大利、俄羅斯、加拿大、肯亞、挪威、巴基斯坦 等

切割方式

明亮型　矩形階梯型　其他混合式 等

注意點　比較不容易擦傷，可以以超音波震動洗淨，屬於容易保養的寶石。

顏色多樣性　黃綠、褐、黃、藍、紅、紫、粉紅、無色

項鍊／17,850日圓⑬

Agate

別名＊瓊玉、赤玉　硬度⑦

瑪瑙

和紅玉髓一樣，
是玉髓的其中一種。

特徵・歷史

瑪瑙是玉髓（和水晶一樣被稱為石英的礦物，由細微的結晶體聚集，因此呈現半透明或不透明狀，顏色均勻）的一種，原本是指外表為條紋圖案的瑪瑙，但是在日本沒有條紋圖案的也一律通稱為瑪瑙。

品質鑑定方法

雖然有不同的稱呼，但原則上以顏色及圖案清晰者品質較好，價值也較高。

石語・石能量

石語　成功

石能量　◆免於病痛，帶來健康長壽。
◆預防因人際關係引起的困擾，強化家族的關係。

瑪瑙的傳說

瑪瑙自古以來，就有不同的使用方法。古代波斯人相信：燃燒瑪瑙所產生的煙可以改變颱風或龍捲風的路徑，也可以使河川停止流動。歐洲人認為：要在廣闊的大海中尋找珍珠，必須藉助瑪瑙不可思議的力量，據說只要將瑪瑙綁在船上的纜繩上投入海裡，瑪瑙會在海底移動，當瑪瑙停住時，只要潛入海底瑪瑙止住的地方，就可以在瑪瑙旁發現珍珠的蹤跡。

DATA

產地	巴西、烏拉圭、印度、美國、南非共和國等
切割方式	圓粒型　其他浮雕式　等
注意點	如果長期曝露於陽光下，可能會因為紫外線影響而褪色，使用保養上要避免陽光直射，可以以超音波震動洗淨。
顏色多樣性	紅、藍、綠、黃、黑

心型鍊子／76,650日圓⑰　墜子／88,200日圓⑰　戒指／88,200日圓⑰

Azurmalachite

硬度 6~6.5

藍銅礦孔雀石

由兩種礦物混合共生
而形成外表圖案有趣的寶石。

特徵・歷史

是由被稱為石青的藍銅礦和不透明的綠色孔雀石混合而成的共生石，大部分的藍銅礦中都帶有點狀綠色的孔雀石，形成木紋狀的美麗圖案。

品質鑑定方法

圖案美麗者品質較佳，法國里昂近郊的切塞所產的藍銅礦孔雀石被稱為「切塞石」、「切塞銅礦」，非常受歡迎。

石語・石能量

石語　名聲・榮譽

石能量
◆提升集中力及洞察力。
◆提升性靈能力及想像力。
◆去除緊張、消除身體的疲勞。

藍銅礦孔雀石的傳說

古埃及人及希臘人將藍銅礦尊崇為能夠提升性靈能力的神聖之石。據說神官們為了提昇自己的意識以便於聽到神的聲音而配戴藍銅礦孔雀石，孔雀石據說可以培養洞察力和創造力之外，約從西元前4000年開始，古埃及人就已經將其當做顏料來使用了。藍銅礦孔雀石同時具備了這兩種寶石的特性，據說能治癒內心以及帶來新的觀點和思考。

DATA

產地	美國、法國 等
切割方式	 凸面型　 圓粒型　等
注意點	雖然列為寶石級卻欠缺耐久性，對衝擊力、水分及紫外線等抗力較弱，因此使用保養上要非常注意，避免以超音波震動洗淨。
顏色多樣性	藍色＋綠色

項鍊／7,875日圓③

硬度⑤

磷灰石

磷灰石恰到好處的切割方式，
會呈現貓眼效果的美麗光輝。

特徵・歷史

磷灰石的成分和牙齒及骨頭的成分相同，擁有各式各樣的結晶外型，希臘文為「Apatas」，為「騙子」的意思，因為長時間和海藍寶石及紫水晶混生，讓人混淆，所以才有這個名稱。

品質鑑定方法

瑕疵較少者品質為佳，少數磷灰石切割得宜，會發出像貓眼（參照P78）般的美麗貓眼效果。

（參照P78）

石語・石能量

石語　溫柔的誘惑

石能量
◆不隨波逐流，堅定自己的主張。
◆提升自己的異性緣及魅力。
◆改善口腔問題、預防肥胖。

磷灰石的傳說

磷灰石自古以來，就被各國的人當成是「信賴、自信及調和」的象徵。認為是「不受既有觀念及俗套所影響，能充分發揮自我主張」的寶石。據說磷灰石能發出比電氣石高出100倍的負離子，具有化解凝滯不通的體內能量，導向正常流向的能力。

DATA

產地　緬甸、巴西、斯里蘭卡、捷克、西班牙、印度 等

切割方式

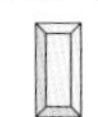

矩形階梯型　凸面型　其他浮雕式 等

注意點　因為硬度低於5，所以使用保養上要特別注意。

顏色多樣性　黃、藍、紫、綠、無色

手鍊／5,040日圓⑱

Aventurine quartz

別 名＊砂金水晶　硬度⑦

砂金石

砂金石內所含的物質是能夠反射光線的小晶體，具有閃閃發光的反射現象。

特徵・歷史

因為含有赤鐵礦及針鐵礦等混合物而發出閃閃光輝。原本是指紅色或赤褐色的水晶，但是現在所說的砂金石，單純指的是產量較多的「綠砂金石」。

品質鑑定方法

內含細結晶能夠反射光線而產生閃閃光輝，這種反射現象所發出的光輝如果夠優美，即是高品質的砂金石。

石語・石能量

石語　戀愛的機會

石能量
◆提升洞察力，直見事物的本質。
◆圓滿戀人及家庭的關係。
◆提高腎臟的機能，排出體內的老廢物質。

砂金石的傳說

古代西藏人尊崇砂金石為「提高洞察力的寶石」，據說配戴此石能夠洞察事物的真理，象徵著佛陀的雙眼，因此通常都鑲嵌入佛陀石像的雙眼部分當作眼睛，人們深信此石可以提高先見之明，不管做什麼事都會成功。另外，綠砂金石擁有如翡翠般的翠綠色，在產地印度被用來取代翡翠，因此也稱為「印度翡翠」。

DATA

產地　巴西、印度、俄羅斯　等

切割方式

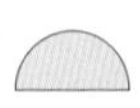

凸面型　圓粒型　其他浮雕　等

注意點　對水分及化學藥物抗力強，汗漬和皮脂會引起霧面，長時間暴露於紫外線下會造成褪色現象，要特別注意。

顏色多樣性　紅色～紅褐色、綠色

Amazonite

別名＊亞馬遜石　硬度 6~6.5

天河石

表面如水流般的美麗圖案，
令人印象深刻。

特徵・歷史

天河石是微斜長石的一種，指的是天空藍或藍綠色的寶石，這種顏色是含鉛所引起的現象，雖然是在亞馬遜流域被發現，並以此命名，但事實上亞馬遜河並沒有出產。也可以稱為「亞馬遜石」。

品質鑑定方法

綠色色澤優美，表面散發出閃閃光輝者為優良品質，能夠辨別其他顏色類似的寶石是選購的主要重點。

石語・石能量

石語　好心情・好時機

石能量
- ◆從焦慮及絕望中解脫。
- ◆安定身心，維持身心的平衡。
- ◆提升人際關係的能力。

天河石的傳說

孩提時代綽號為「石頭神童」，且對大型礦物非常著迷的知名日本作家宮澤賢治，他在『十力的金剛石』這本著作中，將天河石比喻為龍膽花，這是作家沉迷於寶石世界中所發揮的極致想像力，綠色葉片是矽孔雀石、金黃色的稻穗是貓眼石…等，各色各樣的寶石隆重登場，宮澤賢治將天河石做了最完美的詮釋。

DATA

產地　美國、巴西、加拿大、馬達加斯加、印度、俄羅斯　等

切割方式

圓粒型　凸面型　其他浮雕式　等

注意點　天河石不但容易因為沾染水分而造成褪色現象，若往一定方向施加強力，也極容易造成斷裂，勿以超音波震動洗淨。

顏色多樣性　藍、藍綠

項鍊／12,600日圓⑪

Amber

別名＊蜜蠟　硬度 2～2.5

琥珀

樹脂經過長時間的地層壓迫，
硬化後形成的化石。

特徵・歷史

針葉樹的樹脂硬化後形成的化石，從半透明到透明都有，表面伴有裂縫和風化表面，可以肉眼看到在樹脂完全硬化之前所包覆進去的昆蟲或青苔、樹葉等外來物，以波羅的海沿岸所生產的「蜜蠟琥珀」最為有名。

品質鑑定方法

一般的寶石如果含有內包物的話，價值都會下降，但是琥珀含有內包物的話，價值反而會提升。

石語・石能量

石語　擁抱

石能量
- ◆冷靜激動的情感。
- ◆消除緊張。
- ◆提升財運及人氣運。

琥珀的傳說

據說在古代波斯，國王只要配戴從天而降的琥珀，就可以獲得長生不死的能力…，自古以來就被當作護身符的琥珀，大概是因為內部包覆著昆蟲以及摩擦會帶電等現象，讓人們相信琥珀是具有魔術性的特別寶石吧！另外，琥珀燃燒時，會發出濃郁的香味，因此俄羅斯的貴族們，常將琥珀和暖爐放在一起，取代芳香劑的功能。

DATA

產地　波羅的海沿岸地區、緬甸、義大利（西西里島）、多明尼加　等

切割方式　圓粒型　凸面型　其他浮雕 等

注意點　琥珀質地非常柔軟，很容易被指甲刮傷，因此使用保養時要特別細心，勿以超音波震動洗淨。

顏色多樣性　黃、紅、褐色、綠、紫、黑

鍊子／39,900日圓⑰　墜子／262,500日圓⑰　耳環／90,300日圓⑰

Onyx

別名＊縞瑪瑙　硬度 7

黑瑪瑙

自古以來常被設計成浮雕等裝飾品。

特徵・歷史

「Onyx」希臘文是「指甲、條紋」的意思，原本是指帶有直線條紋圖案的瑪瑙，但是基於商業販售上的考量等理由，慢慢地有了變化，現在若提到「Onyx」，大多是指單純黑色的玉髓（參考P67）。

品質鑑定方法

選購時，選擇條紋圖案清晰優美者為佳，黑瑪瑙的話，請選擇沒有斑點和霧面的較為優良。

石語・石能量

石語　成功在握

石能量
◆引發隱藏的運動潛能。
◆提升知性。
◆逃離誘惑。

黑瑪瑙的傳說

據說古印度及波斯，認為黑瑪瑙擁有強力的驅魔能力，於是把它當做「驅魔之石」使用，但是在歐洲卻正好相反，歐洲人認為黑瑪瑙裡住著恐怖的惡魔，一到夜晚，惡魔就會醒來作怪，深信它是帶來恐怖和惡夢的「惡魔之石」，後來聽說黑瑪瑙的能量強度可以驅除其他邪氣和惡靈，使邪惡無法靠近主人，所以不知不覺中，黑瑪瑙在歐洲也以「驅魔之石」聞名。

DATA

產地　印度、巴西、中國 等

切割方式

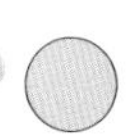
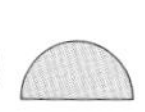

圓粒型　凸面型　其他浮雕 等

注意點　黑瑪瑙對紫外線和化學藥物抗力弱，很容易因為汗漬或皮脂而變霧，所以使用後請以柔軟的布擦拭即可，避免以超音波震動洗淨。

顏色多樣性　黑、白、黃

項鍊／29,400日圓⑧　戒指／21,000日圓⑧

Obsidian

硬度 5

黑曜石

表面擁有如鏡子般的光澤，
可說是天然的玻璃。

特徵・歷史

是由火山熔岩迅速冷卻後形成的天然玻璃，屬於黑曜石的一種，顏色有黑色及褐色，黑底混雜著灰色或白色的稱為「雪花黑曜石」，黑底帶有虹色遊彩效果的稱為「彩虹黑曜石」。

品質鑑定方法

選購時，盡量選擇表面研磨細緻的黑曜石，如果以凸面切割的話，會呈現出貓眼效果。

石語・石能量

石語　不可思議

石能量　◆提升集中力。
◆消除精神創傷。
◆調整身心平衡、安定體內能量。

黑曜石的傳說

據說黑曜石在日本繩文時代被拿來作為弓箭箭頭使用，日本版的「戀愛邱比特」裡常出現從捕獲的獵物身上拔出黑曜石箭頭的情節，因此而有了名氣。另外紀錄古希臘時代的詩集『里迪卡』裡記載其為「能夠預言未來」的寶石，據說墨西哥在12～15世紀時，流行用磨好的黑曜石鏡子預言未來，自古以來此石就被認為具有傳達神旨的能力。

DATA

產地	墨西哥、美國、日本、冰島、各地火山地帶 等
切割方式	 圓粒型　凸面型　等
注意點	保管上不需要太過緊張，但是因為硬度低，撞擊力弱，要避免超音波震動洗淨。
顏色多樣性	黑、灰、褐

戒指／78,750日圓⑰　耳環／73,500日圓⑰

別名＊二硬石　硬度 4～7.5

藍晶石

順著解理方向切割較為容易。

特徵・歷史

色澤優美的藍色，以平板結晶狀態出土的原石，非常受礦物收集家的青睞。依照結晶軸方向不同，硬度也有顯著的差異是藍晶石的特徵，因此摩氏硬度的幅度很寬，別名也稱為「二硬石」。

品質鑑定方法

顏色不一定，其中以深藍色帶有斑點圖案的較多，因此選擇具有透明感、顏色平均者為佳。

石語・石能量

石語　安穩的時間

石能量
◆治癒精神上的疲憊。
◆解放內心的魔咒，開拓新境界。
◆消除精神創傷，發揮潛在能力。

藍晶石的傳說

藍晶石的名字來自於希臘文中的「Kyanos」，是「藍色」的意思。佛教及印度教等宗教，都深信人體內有所謂的「輪」，有7個主宰人類生命能量的中心，第7個輪位於頭頂部，第6個輪位於眉間，如果在輪的地方以藍晶石按摩的話，可以活化輪，帶來更深的洞察力及理解力。

DATA

產地　巴西、肯亞、印度、緬甸、瑞士、義大利等

切割方式　矩形階梯型　凸面型　等

注意點　容易碎裂，所以在使用保養上要特別注意，不建議以超音波震動洗淨。

顏色多樣性　藍、白、綠、灰色

項鍊／15,750日圓⑪　耳環／23,100日圓⑪

Carnelian

別 名＊紅瑪瑙　硬度 6.5～7

紅玉髓

受到拿破崙特別青睞的
半透明橙色寶石。

特徵．歷史

和瑪瑙（P67）一樣都是屬於玉髓的一種，紅玉髓是指整體顏色大致呈現均勻紅色的玉髓。一般來說，紅玉髓剛出土時顏色較淡，經過加熱處理後，因為鐵份酸化而呈現較深的顏色，別名也稱為「紅瑪瑙」。

品質鑑定方法

市面上的紅玉髓，以印度產的品質較為優良，購買時，請選擇色澤優美、內側裂痕及內含物較少者為佳。

石語．石能量

石語　頭腦清晰

石能量
- ◆給予強力和勇氣。
- ◆引發好奇心及實踐力，帶來成功及財富。
- ◆提高積極性，給予行動力。

紅玉髓的傳說

從西元前2500年的美索不達米亞王墓裡挖掘出的首飾開始，紅玉髓一直被作為雕刻及印章等物，是歷史攸久的的寶石。拿破崙使用的八角形印章就是以紅玉髓製成，所以紅玉髓可以說是拿破崙家族的象徵，另外伊斯蘭社會的人們深信：不管社會如何混亂，紅玉髓都能維持平靜，被視為神聖的護身符。

DATA

產　地　巴西、印度、馬達加斯加、烏拉圭 等

切割方式

圓粒型　凸面型　其他浮雕 等

注 意 點　有可能會褪色，所以要特別注意高溫和紫外線的傷害。

顏色多樣性　僅有橙色

項鍊／39,900日圓⑥　左方耳環／14,700日圓⑥　右方耳環／11,760日圓⑥

硬度❸

方解石

具有豐富而多樣的顏色變化，
作為能量寶石非常受到歡迎。

特徵・歷史

和石英一樣，都是屬於最受歡迎的礦物之一，純粹的方解石雖然是無色，但是因為內含成分不同，使外表看起來有各種不同的顏色。雙折射率（參照P41）高，將方解石放置於文字上，文字會變成雙重影像，這是方解石的特徵。

品質鑑定方法

色澤優美者為佳，冰島所產的無色透明方解石晶體，雙折射率大，稱為「冰州石」（Iceland Spar），常用於雕刻及製作科學儀器的材料。

石語・石能量

石語　希望和成功

石能量　◆給予靈感，提高創作動力。
◆調整感情和精神上的平衡，使心境明朗。

方解石的傳說

方解石是夏威夷的象徵，也稱為「夏威夷鑽石」，這名字的由來有此一說：在19世紀時，英國的水手們在火山口發現閃閃發光的方解石，誤以為是鑽石，於是稱其為「夏威夷鑽石」…，另外因為方解石是由形成石灰岩的成分所構成，拉丁文中的「calx」，就是「石灰」的意思。方解石的折射率高，透過方解石觀察東西會呈現雙重影像，因此傳說「擁有方解石的人，可以提升兩倍的能力」。

DATA

產地　冰島、美國、墨西哥、挪威、英國、法國等

切割方式　

矩形階梯型　其他混合式 等

注意點　因為硬度低，如果往一個方向施加強力會造成斷裂，使用上要特別注意，盡量避免超音波震動洗淨。

顏色多樣性　黃、綠、藍、灰色、粉紅色

手鍊／7,140日圓⑱

Cat's-eye

別 名 貓眼金綠玉　硬度 8.5

貓眼石

因為內含物而呈現耀眼的貓眼效果。

特徵・歷史

與亞歷山大石（Alexandrite）相同，是金綠玉的一種，在具有貓眼效果的寶石中，因為色澤特別優美而出名，寶石業界所稱的「貓眼」指的是「貓眼金綠玉」。

品質鑑定方法

貓眼眼線清楚且橫居於中央位置者為優良品質，尤其是蜂蜜色的底，帶有白色光帶的貓眼價值最高。

石語・石能量

石語　靜靜地守護

石能量
◆驅離邪惡的人或事。
◆提高集中力。
◆突破現狀，給予勇氣踏出新的腳步。

貓眼石的傳說

自古以來，具有貓眼效果的寶石，全都被當作「驅魔石」，受到各個國家及地區的尊崇。其中因為產量稀少而價值高昂的貓眼金綠玉，擁有法力最高強的「眼」，可以擊退其他邪眼及惡靈。古代的巴比倫帝國（現今的伊朗附近）傳說擁有貓眼石的人，可以不被敵人發現身影，因此作戰時，配戴此石可以避免受傷，是戰爭最高的守護者。

DATA

產地　斯里蘭卡、巴西、馬達加斯加 等

切割方式

凸面型 等

注意點　雖然硬度高，屬於較容易保養的寶石，但還是要盡量避免超音波震動洗淨。

顏色多樣性　黃、暗褐色、綠、灰

戒指／180,390日圓⑭

Chrysocolla

硬度 2~4

矽孔雀石

獨特的斑點圖案，
沉穩的顏色組合。

特徵・歷史

矽孔雀石和孔雀石及藍銅礦是一起共生形成的礦物，因為混入了銅礦而產生優美的斑點圖案，質地脆弱不易加工，所以一般用來作為寶石飾品的矽孔雀石，其實是被稱為矽石的石英經染色而成，大部分都經過樹脂包覆處理。

品質鑑定方法

購買時請選擇圖案優美、表面瑕疵及凹洞較少者品質較佳。矽孔雀石在美國中部非常受歡迎。

石語・石能量

石語　療癒心靈

石能量　◆發揮分析力、直觀力。
◆豐富知性，招來幸運的繁榮之石。
◆象徵美和愛的調和，活化創造力和美的感覺。

矽孔雀石的傳說

矽孔雀石的名字是由希臘文的「chryso」和「kolla」組合而成，前者是「金」、後者是「膠」的意思，原本是指「夾著黃金的石頭」，但是現在所指的矽孔雀石，卻是另一種完全不同的東西。據說美國原住居民認為，人類因為矽孔雀石才得以和地球及大地連結在一起，因此尊崇它為「神聖之石」，是驅魔時很重要的寶石。

DATA

產地　美國、墨西哥、俄羅斯、薩伊、以色列、祕魯 等

切割方式　圓粒型　凸面型　等

注意點　硬度低容易脆裂，因此擺放時要以柔軟的布包覆，不可以超音波震動洗淨，也嚴禁以水清洗。

顏色多樣性　青、綠

上方戒指／2,625日圓⑱　左前方戒指／3,990日圓⑱　耳環／1,575日圓⑱

Chrysoprase

別名・澳洲翡翠　硬度⑦

綠玉髓

和紅玉髓屬於同一種寶石，
青蘋果般的嬌嫩綠色是綠玉髓的特徵。

特徵・歷史

綠玉髓是因內含有鎳而呈現綠色，是半透明玉髓（參照P67）的一種，可說是玉髓當中價值最高的，因為類似翡翠，所以也稱為「澳洲翡翠」。

品質鑑定方法

具有透明感、呈現優美蘋果綠色者品質較佳，目前品質最好的綠玉髓是澳洲昆士蘭所生產。

石語・石能量

石語　果實豐碩

石能量
◆穩定激動的情緒。
◆引出潛在能力及才能。
◆加強肝臟的作用，排出毒素。

綠玉髓的傳說

從古羅馬時代開始，人們就已經將綠玉髓當做隨身配飾帶在身上，聽說有名的亞歷山大帝胸前也帶了一個他父親圖象的綠玉髓飾品。據說此石可以帶來強運和勝利，因此託此石之福，國王的大軍連戰連勝，一直遠征至印度，勢力範圍逐漸擴大，但是就在此時寶石卻不見了，因此遠征受挫，鍛羽而歸後即突然猝死。綠玉髓的名稱是由希臘文的「chryso」「金」以及「prason」「韭菜」而來。

DATA

產地　澳大利亞、波蘭、巴西、印度、馬達加斯加 等

切割方式

圓粒型　凸面型　其他浮雕 等

注意點　在紫外線照射下容易褪色，因此要避免長時間暴露於陽光下。

顏色多樣性　淡綠、黃綠

墜子／18,900日圓⑥　鍊子／68,250日圓⑥　戒指／115,500日圓⑥

Kunzite

別 名＊加州艾莉絲　硬度 6.5～7

孔賽石

粉紫丁香花般的美麗寶石，
受到寶石收集者的青睞。

特徵・歷史

孔賽石是指紫鋰輝石，是鋰輝石（Spodumene）礦物中的一種，因為含有錳而呈現粉紫色，但是粉紫色會隨著時間流逝而變淡，也就是所謂的「褪色性」，市場上會照射放射線以維持顏色的穩定。

品質鑑定方法

體積越大顏色越濃的孔賽石才具有寶石的價值，據說至少要10克拉以上價值較高。

石語・石能量

石語　戀人出現

石能量
◆治癒已逝戀情的創傷。
◆消除精神緊張及混亂的感情。
◆增強純粹的心情，得到真實的愛情。

孔賽石的傳說

孔賽石於1902年被發現，屬於較年輕的寶石，孔賽石的名字是以美國非常有名的寶石學者孔賽的名字來命名。因為是在美國加利福尼亞州所發現，所以也被稱為「加州艾莉絲」。孔賽石的粉紫色，總不免讓人聯想到愛情，因此人們相信孔賽石可以治癒失戀所帶來的傷痛，恢復再次追求愛情的勇氣。

DATA

產地　馬達加斯加、美國、巴西、緬甸、阿富汗等

切割方式

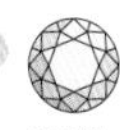 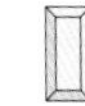

明亮型　矩形階梯型　其他混合型 等

注意點　有很完整的解理，所以容易因為碰撞而裂開，若長期曝曬於紫外線下很容易褪色，要避免超音波震動洗淨。

顏色多樣性　粉紫

戒指／178,000日圓⑭

日光石

擁有如太陽般閃耀的光輝，因此稱為日光石。

Sunstone

別名＊閃光長石、太陽石　硬度 6~6.5

特徵・歷史

像月光石一樣是屬於長石的一種，因為內含物會反射光線而閃耀，產生所謂的「砂金效應」，因此也稱為「閃光長石」。較常見的顏色為紅色或橙色、黃色或褐色，這些顏色是因為內含有赤鐵礦及針鐵礦、銅礦等物質所形成。比照看起來如月光般明亮的月光石，日光石也因「橙色的光輝如太陽般閃耀」而命名，希臘文的意思和英文相同，都是「太陽石」的意思。

品質鑑定方法

因為內含物成分不同而產生黃色、橙色、紅色、褐色以及罕見的綠色等各種不同的顏色，購買時，請選擇砂金現象優美者為佳。

石語・石能量

石語　閃耀光輝

石能量
◆強化身心，帶來勝利。
◆強化生命力，給予生存的希望和幸福。
◆釐清迷惑，往正確的方向前進。

日光石的傳說

正如名字一樣，日光石自古以來即被認為與太陽有密切關係，人們尊崇它為「象徵太陽的寶石」，相信它能引發出太陽的巨大能量。據說是古代的加拿大和印度，舉行宗教儀式時所不可欠缺的寶石。另外有人深信它所發出的閃耀光芒可以驅除邪氣，引導事情往正確的方向發展，因此也被當作隨身的護身符配戴。就像太陽光普照大地，孕育所有生物成長茁壯、延續生命一樣，日光石也能孕育人類的成長，尤其是讓人類沉睡的能量覺醒，並且將人身上負面的能量轉變為正面的能量。因此一直到現在，日光石仍受到很多人的喜愛。

DATA

產地　印度、挪威、加拿大、美國、俄羅斯　等

切割方式

圓粒型　凸面型　其他浮雕型　等

注意點　日光石無法承受強力撞擊，所以請勿以熱水或超音波震動洗淨，並且避免長時間暴露於紫外線下。

顏色多樣性　黃、紅、橙紅、綠

項鍊／4,725日圓⑱　下方戒指／5,250日圓⑱　上方戒指／5,040日圓⑱

煤玉

——散發優美光澤的黑色寶石，英國維多利亞女王的最愛。

別 名＊黑琥珀、黑玉　硬度 2.5～4

特徵・歷史

和煤礦一樣，都是在數千年以前，沉入水中的木材，經過地層自上而下的巨大力量壓縮而成的「木材化石」。看起來是不透明的黑色以及深褐色，經過研磨會呈現出如天鵝絲絨般的黑色光澤，這是煤玉的特徵。因為內含有黃鐵礦，所以會產生黃銅色和金屬光澤，而且煤玉和琥珀一樣，摩擦時會產生電荷，因此也被稱為「黑琥珀」，此外也有人稱之為「黑玉（Gagat）」。容易加工，自古以來常被製成浮雕或雕刻品使用，也能見到將螺殼或貝殼鑲嵌於煤玉的飾品。因為成分和煤礦相同，所以燃燒時會產生特別的煤味。

品質鑑定方法

請選購光澤優美，沒有瑕疵者品質較佳，如果是雕刻品，請仔細確認雕工是否細緻精美。

石語・石能量

石語　忘懷

石能量　◆從競爭及憤怒中解脫、穩定混亂的心。
◆蛻變成冷靜穩重的人。
◆紓解頭痛及腹痛。

煤玉的傳說

依證據顯示，大約在西元前1400年起，人們就已經開採煤玉，在史前埋葬的土堆裡也發現煤玉的加工飾品，由此證明煤玉自遠古開始就與人類有很密切的關聯。據說古羅馬時代，修道院的僧侶們都喜歡使用煤玉做成的念珠，到了19世紀，英國維多利亞女王摯愛的丈夫艾伯特親王去世後，女王一直隨身配戴由煤玉作成的致喪珠寶（服喪期間所佩戴的寶石飾品，也稱為哀悼珠寶）長達20年，當時的維多利亞女王對時尚界具有指標性的影響，因此致喪珠寶就以英國為中心擴及整個歐洲，大大地流行了起來，也讓生產煤玉的英格蘭約克郡從此繁榮興盛。

DATA

產地	英國、西班牙、法國、德國、俄羅斯、美國等
切割方式	圓粒型　其他浮雕型　等
注意點	表面非常容易受傷，使用上要特別謹慎，因為是有機材質，可能會因為太過乾燥而產生裂痕，不可以超音波震動洗淨。
顏色多樣性	黑、深褐

項鍊／294,000日圓④　手環／210,000日圓④　胸針／189,000日圓④

Jasper

硬度 7

碧玉

擁有各種顏色及圖案，
充滿趣味的寶石。

特徵・歷史

碧玉是屬於玉髓（參照P67）的一種，不純物的含量超過一定以上的比例，所以呈現不透明狀，根據內含物成分的不同而產生各種不同的顏色和圖案，以圓點圖案和條紋圖案最為有名。

品質鑑定方法

購買時請選擇圖案清晰、優美者較佳。俄羅斯所產的紅色和綠色的絲帶碧玉，條紋的顏色濃淡優美，可說是最佳品質。

石語・石能量

石語　駕馭自我

石能量　◆給予行動力和勇氣，引領人們走向正確的方向。
◆淨化消極的能量，使熱情沸騰。

碧玉的傳說

基督教神學者阿魯貝魯托尼於13世紀所著的『礦物書』中，碧玉以「Jaspis」的名字登場，自古以來就被尊崇為「能與太陽共鳴」而得到巨大能量的「聖石」。據說在中世紀的歐洲，婦女生產時，將此石放置於產婦肚子上，可以庇祐生產過程順利，被認為是安產的象徵。

DATA

產地	南非共和國、印度、委內瑞拉、美國、俄羅斯、埃及 等
注意點	對紫外線及鹽酸洗劑、超音波等抗力較弱，使用保養上需要特別注意。
切割方式	圓粒型　其他浮雕型 等
顏色多樣性	紅、藍、黃、綠、褐色、藍灰色

手鍊／39,900日圓⑥　耳環／14,700日圓⑥

Zircon

別名■鋯石　硬度 7~7.5

風信子石

閃亮光輝的寶石，
是鑽石最早的天然代用品。

特徵・歷史

高純度的風信子石是無色的，但是根據內含不純物的差異而呈現各種不同的顏色。無色的風信子石自古就被當成鑽石的天然代用品，因為擁有非常高的折射率，以放大鏡從桌面觀察就可以看見雙影的底部切面稜線，因此很容易與鑽石區別。

品質鑑定方法

閃閃發光的優美色澤品質較佳，澳大利亞包括亞洲一帶，尤其是印度及斯里蘭卡所開採的風信子石被認為品質最為優良。

石語・石能量

石語　安穩的時光

石能量
- ◆去除哀傷、療癒精神。
- ◆澄清莫須有的誤解。
- ◆注意內在的優美和柔軟。

風信子石的傳說

配戴風信子石可以帶來智慧、名譽、財富，人們深信當身上配戴的風信子石失去光澤時，表示有危險發生。因為古希臘稱之為「hyacinth」，直接字面翻譯就是所謂的「風信子」。可以說是至今發現的寶石中最古老的礦物，大約42億年前的風信子石粒狀結晶，是在澳大利亞寒武紀時代的堆積岩裡發現。

DATA

產　地　斯里蘭卡、緬甸、泰國、印度、越南、澳大利亞、巴西　等

切割方式

明亮型　矩形階梯型　其他花式　等

注意點　雖然是硬度較高，對熱及壓力的抗力也較強，但是仍不建議以超音波震動洗淨。

顏色多樣性　橙、黃褐、褐、紅褐、紅、黃、藍、綠、無色

戒指／7,875日圓⑱　前方耳環／1,680日圓⑱　後方耳環／2,415日圓⑱

Sugilite

別名＊舒俱徠石　硬度 5.5～6.5

杉石

杉石的名字是以發現者「杉氏」的姓氏為名。

特徵・歷史

杉石是１９７７年首次在日本被發現的年輕寶石，日本愛媛縣・岩城島發現的杉石是茶綠色，但是之後在南非共和國肯布州北部礦山發現的是含錳的紫色杉石。

品質鑑定方法

南非所產的杉石，呈現魅惑的紫色，美國稱之為「舒俱徠石」，獲得很高的評價，非常受大眾歡迎。

石語・石能量

石語　療癒心靈

石能量
- ◆具有療癒的效果。
- ◆合作者之間單純的愛。
- ◆淨化及活化身體機能。

杉石的傳說

杉石是於１９４４年由日本的杉健一氏所發現的年輕寶石，１９７７年由杉氏的弟子，也是礦物學家村上充英氏發表，即以杉氏的姓氏來命名。人們相信象徵高貴的紫色寶石，療癒效果高，其中杉石也具有很強的能量，據說可以啟動深沉的精神層面，引發潛藏的能力。

DATA

產地	南非共和國、義大利、澳大利亞、日本等
切割方式	凸面型　圓粒型　等
注意點	鹽是造成變色的主要原因，因此使用後，請仔細地將汗水擦拭乾淨。
顏色多樣性	黃鶯色、紫、深紫、灰

墜子／16,500日圓⑱　鍊子／私人收藏

硬度 8

尖晶石

與紅寶石共生，
擁有各種不同的顏色。

特徵・歷史

一般人都知道尖晶石因為含鉻而呈現紅色，但事實上尖晶石有各種不同的顏色。大多是和剛玉一起被發現，所以紅色尖晶石長期以來一直被當作是紅寶石，尖晶石的結晶和鑽石一樣都是正八面體。

品質鑑定方法

一般說來緬甸產的尖晶石品質較優，斯里蘭卡產的尖晶石少數會呈現星光效果（參考P125）。

石語・石能量

石語　內在的充實及安全

石能量
◆提高向上的決心，努力實踐。
◆導向清晰的思考。
◆庇祐主人的安全。

尖晶石的傳說

尖晶石名稱的由來，是源自於16世紀時，因為結晶的外形以拉丁文命名為「spina」，就是「尖端」的意思，因此命名為尖晶石。在正式命名之前尖晶石有一段很長的時間被誤認為是紅寶石，英國王室戴冠式的皇冠上鑲飾的巨大紅寶石「黑太子紅寶」，以及伊莉莎白女王的「鐵木紅寶項鍊」、俄羅斯皇室的葉卡捷琳娜一世皇冠上的紅寶石，這些都是曾被誤認為是紅寶石的尖晶石。

DATA

產地　緬甸、斯里蘭卡、泰國 等

切割方式

明亮型

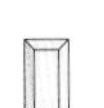
矩形階梯型

凸面型

其他混合花式 等

注意點　尖晶石是屬於結構非常結實的寶石，因此在使用保養上要注意避免傷及其他寶石，最好是以柔軟的布包覆較為安全。

顏色多樣性　紅、粉紅、紫、黃、橙、藍、綠、黑

墜子／19,800日圓⑱　鍊子／私人收藏
手鍊／36,700日圓⑱　戒指／21,000日圓⑱

Smoky quartz

別 名＊褐色石英　硬度 7

煙水晶

褐色的水晶，
別名為褐色石英。

特徵・歷史

煙水晶是石英的一種，指帶有茶色或煙色的透明水晶，茶色水晶也稱為「褐色石英」。蘇格蘭的凱恩戈姆山所開採的深色水晶，也另外稱之為「凱恩戈姆石」。

品質鑑定方法

透明度越高者品質越佳，阿爾卑斯礦山出產的煙水晶，天然放射線較少、透明度非常高。

石語・石能量

石語　責任感・不沮喪的心

石能量
◆將恐怖、不安及憤怒從心中解放。
◆放鬆精神、安定神經。
◆增進良好的睡眠品質。

煙水晶的傳說

自古以來就被尊崇為「驅除惡靈之石」「勝利之石」「種族延續之石」而受到重用。據說古羅馬時代就已經被刻成浮雕或凹雕的印章來使用，蘇格蘭及英國的凱爾特人，稱此石為「墨晶（morion）」或「凱恩戈姆石」，用於預知未來以及驅除惡靈。而且聽說如果失眠無法睡的話，只要將此石置放於床下，即可改善睡眠品質，幫助入眠。

DATA

產地　巴西、馬達加斯加、瑞士、美國、澳大利亞、蘇格蘭　等

切割方式

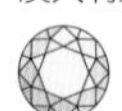
明亮型

矩形階梯型

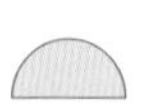
圓粒型

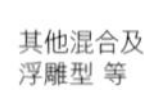

其他混合及浮雕型 等

注意點　對於水及化學藥物有較強的抗力，保養上比較容易，但是汗水及皮脂會造成霧面，長時間於紫外線下會有褪色的可能，請特別注意。

顏色多樣性　褐～黑、煙灰色

項鍊／47,250日圓⑫

Sodalite

硬度 5.5~6

方鈉石

方鈉石受到古埃及人的尊崇，
是藍色底帶著白色脈紋的美麗寶石。

特徵・歷史

正如它的名字一樣，是含有很多「鈉」成分的寶石，雖然外表看起來很像青金石，但是方鈉石具有透明感的特徵。因為內含有白色方解石的結晶成分，因此很適合依照其外表圖案進行雕刻等加工設計。

品質鑑定方法

選擇具有透明感且圖案優美者品質較佳，經常被當作青金石的代替品來販賣，很容易讓人產生混淆，購買時要特別注意。

石語・石能量

石語　內在和外在

石能量　◆安定情緒，採取理性的行動。
◆增進溝通能力。
◆排出體內毒素。

方鈉石的傳說

自古以來就與青金石並列，古埃及時代被推崇為「避免邪惡上身的護身石」，據說當時的人認為此石是主宰智慧和理性的寶石，因此受到王族或僧侶等身分較高的人所青睞。近年於英國瑪格麗特公主訪問加拿大時，在加拿大安大略省所發現開採的方鈉石，被稱為「公主藍」，很受大眾歡迎。

DATA

產地　加拿大、巴西、納米比亞、美國、挪威、印度、格陵蘭 等

切割方式

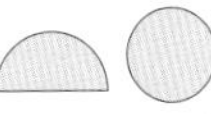

凸面型　圓粒型　其他浮雕式 等

注意點　耐久性低，容易碎裂，在使用保養上要特別注意，尤其是透明的結晶很容易碎裂，避免以超音波震動洗淨。

顏色多樣性　深藍、黃、灰色

項鍊／18,900日圓13

別 名＊眼之寶石　硬度⑦

虎眼石

內含纖維狀組織，
因此具有貓眼效果。

特徵・歷史

類似不透明的水晶，纖維結構的礦物裡混合了石英，硬化後含有氧化鐵成分而呈現褐色和金黃色的條紋。未氧化之前的藍灰色稱為「鷹眼」，經過加熱處理後會成為紅褐色，稱為「紅虎眼石」。

品質鑑定方法

黃褐色的條紋圖案色澤優美，貓眼效果越清楚者品質越高。

石語・石能量

石語　洞察力

石能量　◆培養洞察力及決斷力，將事物導向成功。
◆提升事業運、金錢運。
◆緩和頭痛及喉嚨不適症狀。

虎眼石的傳說

看起來像虎眼的寶石，也稱為「眼之寶石」，人們相信此石是人類的第三隻眼，也是「神的眼睛」，所以是「可以透視一切真理的心之眼」。據說埃及神像的眼睛大部分都鑲入了虎眼石，以及羅馬人也相信虎眼石是授予神力的護身符，因此長期以來人們即將虎眼石當成神聖之石，非常重視它。另外人們也相信，這「眼」所發出的光就像老虎的眼光一樣強，可以驅除邪氣，守護主人避免遭受不幸，並招來所有的幸運。

DATA

產地　南非共和國、澳大利亞、納米比亞、中國等

切割方式

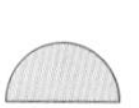

凸面型　圓粒型　等

注意點　會因為鹽的成分而變色，所以要避免與汗水接觸。

顏色多樣性　黃褐、褐、金褐 等

手鍊／81,900日圓⑰　戒指／73,500日圓⑰　項鍊／42,000日圓⑥

Tanzanite

別名＊黝簾石　硬度 6～7

丹泉石

優雅藍色中帶著高貴紫色的美麗寶石，被當作12月的誕生石。

特徵・歷史

原本是指1967年在坦尚尼亞發現的多色性（參照P125）藍色黝簾石（Zoisite）。本來是以藍色黝簾石命名，但後來紐約的蒂芬妮珠寶公司，另外將其命名為「丹泉石」後，不但使商品知名度提升，也讓商品更為一般大眾所接受。

品質鑑定方法

從正面欣賞是深藍色，若將寶石傾斜欣賞，顏色會轉成紫色～藍色，因為具有明顯的多色性特質而受到大眾喜愛。

石語・石能量

石語　自尊心高之人

石能量　◆不受私慾私利所侷限，能做出冷靜的判斷。
◆將人類的意識提升至更高層次。
◆深思熟慮，導向成功。

丹泉石的傳說

據說古代塞爾特民族之間尊崇丹泉石為「能傳授神力的魔法石」，在特別的儀式裡當做道具及首長的配飾品使用，象徵著「神靈的啟示」「永恆」「先祖的智慧」，可以將人類的意識提升到更高的層次，因此被認為最適合當作能量石配戴。在原產地非洲，自古以來人們就深信此石可以紓解精神上的緊張，帶來穩定的心情，近代開始才和土耳其石及青金石同時被選列為12月的誕生石。

DATA

產地　坦尚尼亞、肯亞 等

切割方式

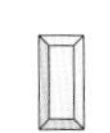
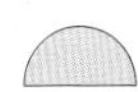

矩形階梯型　凸面型　其他混合型 等

注意點　相較於其他寶石，丹泉石的硬度較低，較容易碎裂，使用保養上要特別注意，超音波震動洗淨有可能造成斷裂，一定要避免。

顏色多樣性　藍～紫

戒指／393,600日圓14

電氣石（碧璽）

——顏色變化豐富，粉紅電氣石被選定為10月份的誕生石。

Tourmaline

別名＊碧璽　硬度 7～7.5

特徵・歷史

電氣石（Tourmaline）的名稱源自於斯里蘭卡（錫蘭）僧伽羅族語「turmali」，意思是「顏色混雜的寶石」。正如其名，電氣石有各種繽紛的顏色，可以顯示2種顏色以上的二色性是主要特徵，其中以粉紅和綠色2色，彷彿西瓜剖面的西瓜電氣石最為有名。像棕色、無色、黑色電氣石一樣，在名稱前都會標註上顏色，巴西所生產品質優良的鮮豔藍色～藍綠色電氣石，一克拉左右的單價是所有寶石中最昂貴，屬於高價的貴重品。

品質鑑定方法

沒有瑕疵，顏色純粹者品質較佳。雖然顏色的深淺隨個人喜好不同，一般說來顏色不致太濃者評價較高。

石語・石能量

石語　充實能量

石能量
- ◆釋放負離子，增進健康。
- ◆提高集中力及感受性。
- ◆消除疲勞，恢復活力。

電氣石的傳說

電氣石有各種不同的顏色變化，所以也稱為「彩虹的寶石」。據說古埃及人認為：電氣石在遙遠的古代，曾經搭乘著彩虹，從地球中心到太陽旅行，就在此時電氣石吸收了彩虹繽紛的七種色彩。不同顏色的電氣石擁有不同的能量，同時具有不同顏色的電氣石，也擁有像顏色一樣多的能量…等，因為帶電的特性，電氣石也被稱為「蘊含神秘力量之石」，常作為避邪的護身符，現在則因為熱循環效果良好而引人注意。據說電氣石所發出的電氣，可以轉換成負離子或遠紅外線讓身體發熱，對於改善肩頸僵硬、消除疲勞及療癒等有很好的功效，因此非常受歡迎。

DATA

產地　巴西、美國、坦尚尼亞、肯亞、新巴布亞、馬達加斯加 等

注意點　表面容易沾附灰塵，以柔軟的布擦拭或是在溫水中加入肥皂水以牙刷輕輕刷洗，避免以超音波震動洗淨。

切割方式

明亮型

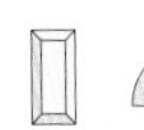
矩形階梯型

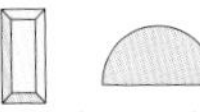
凸面型

其他混合花式 等

顏色多樣性　紫、藍、綠、黃綠、黃、褐、紅、橙、粉紅、黑、無色

項鍊／416,850日圓⑲

Nephrite

別名＊閃玉　硬度 6~6.5

軟玉

被稱為「軟玉」的玉，
自古即受中國人深深喜愛。

特徵・歷史

不同於被稱為翡翠的硬玉，其硬度比較低，所以命名為軟玉，其實這兩種玉在礦物學上都有各自的名稱，含鐵成分較多的顏色較為深濃，含鎂成分較多的顏色則較為淺淡。

品質鑑定方法

透明感佳、表面平滑者品質較高，台灣產的軟玉，大部分都是優良品質。

石語・石能量

石語　成熟的美感

石能量
◆逆轉災難及詛咒、邪氣。
◆堅定浮動的心情。
◆象徵「人生的成功和繁榮」，可為主人帶來好運。

軟玉的傳說

在各個地區都被尊崇為「神聖之石」，用於神聖的儀式，甚至和死者一起埋葬當成陪葬品，特別是在中國，翡翠被尊稱為「玉」，不只是皇族的愛用品，也常被拿來製成武器、裝飾品，更被尊崇為最高地位的寶石。中國所稱的翡翠，通常指的是另一種硬玉，據說軟玉對人的腎臟以及副腎臟、脾臟等疾病，有很好的治療效果。名字也是源自於希臘文的「nephros」是「腎臟」的意思。

DATA

產地	美國、加拿大、紐西蘭、俄羅斯、台灣、中國 等
切割方式	凸面型　圓粒型　其他浮雕型 等
注意點	如果以清潔劑清洗的話，可能會失去原有的光澤，使用後以柔軟的布擦拭即可，避免強力撞擊。
顏色多樣性	白、綠、灰、黃、紅、褐色

項鍊／8,925日圓③

Howlite

別名＊矽硼酸礦　硬度 3.5

白紋石

能映襯出美麗肌膚，
讓人留下溫柔印象的白色寶石。

特徵・歷史

白紋石外表看起來布滿了黑色及棕色的脈紋，硬度低，屬於容易研磨的寶石，因為孔隙度高，很容易加工染色，經常被染色仿冒成土耳其石販賣，購買時要注意辨別。

品質鑑定方法

選擇表面沒有瑕疵或刮痕、光澤優美者品質較高，完全透明的非常罕見，市場上所販售的幾乎都是不透明的較多。

石語・石能量

石語　單純的熱情

石能量
◆解決不安、煩惱及困擾。
◆鎮定過度緊張，緩和憤怒的心情。
◆幫助氣血循環及新陳代謝。

白紋石的傳說

據說是象徵「純粹」「崇高」「覺醒」的礦物，具有淨化心靈和身體的作用，容易過度緊張時佩戴的話，可以達到冷靜的效果。另外據說此石具有調和作用，讓肉體、精神和感情，達到統合平衡的效果，引導我們朝向更高的層次精進。此外聽說若在生活中覺得孤單寂寞或哀傷時，以手握住此石有助於放鬆心情，緩和負面的情緒。

DATA

產地　美國、墨西哥 等

切割方式

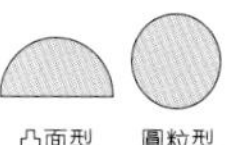

凸面型　圓粒型　等

注意點　硬度才3.5，非常低，是不耐撞擊的寶石，要避免超音波震動洗淨，只要在溫水中以中性洗劑洗淨即可。

顏色多樣性　白、無色（極罕見）

項鍊／18,900日圓㉗　手鍊／10,500日圓㉗

Herkimer diamond

別名＊夢幻水晶　硬度⑦

赫爾基摩鑽石

雖然是水晶，
卻散發出如鑽石般的光芒。

特徵・歷史

雖然名字裡有鑽石，但其實是水晶的一種。因為是在美國紐約州的赫爾基摩出產，又散發出如鑽石般閃閃光芒，即以此命名。透明度高，即使是原石的狀態下也能散發出閃閃光芒。

品質鑑定方法

赫爾基摩鑽石大部分體積都很小，如果體積超過1㎝以上或是18面的尖端都沒有損傷的話，價值就非常昂貴。在市面上，有一些商人以價格便宜的水晶仿成像赫爾基摩鑽石的樣子來販售，消費者購買時要特別注意。

石語・石能量

石語　水的光澤

石能量
◆讓主人的才能發出光輝。
◆強化心靈的平衡及能量。

赫爾基摩鑽石的傳說

赫爾基摩鑽石也稱之為「夢幻水晶」，正如其名，若將此寶石放置於枕頭底下睡覺的話，據說可以進入繽紛美麗的夢境，夢中對現實生活中所憂慮的事情，將會透露一些「訊息」。人們也相信，約5億年前，當紐約還沉浸在海底時就已經誕生，一直到現在仍繼續沉睡的赫爾基摩鑽石，可以引領我們內在的小宇宙啟動，走向正確的方向……。

DATA

產地　美國

切割方式

明亮型　等

注意點　對紫外線的抗力強，因此保養上較為容易，可以以超音波震動洗淨。

顏色多樣性　僅有無色

墜子／15,750日圓⑱　鍊子／私人擁有　前方戒指／15,750日圓⑱　後方戒指／36,225日圓⑱

Prehnite

硬度 6~6.5

葡萄石

彷彿葡萄般露出晶瑩剔透的光澤。

特徵・歷史

葡萄石是在玄武岩（地球上最常見的岩石）的裂縫或空洞中，和針鈉鈣石（寶石名稱為水松石）等一起共生的寶石。因為出土時的狀態是由透明~半透明的橄欖色原石如葡萄顆粒般聚集，所以日本人稱之為「葡萄石」。

品質鑑定方法

透明度高、色澤優美者品質較佳，有些淡黃棕色葡萄石是纖維性的，研磨後會散發貓眼效果。

石語・石能量

石語 健康的美感

石能量 ◆給予堅強的韌性和意志。

◆從眾多資訊中預見重大事件的能力、培養冷靜的判斷力。

◆擺脫憤怒，與周圍環境培養良好協調性。

葡萄石的傳說

葡萄石的原名(Prehnite)源自於在南非喜望峰發現此礦物石的荷蘭人浦利恩上校，據說是第一種以發現者的名字來命名的礦物，浦利恩將此石的標本送至歐洲，聽說這是在南非最早被發現的礦物，此外葡萄石也被稱為「洞悉真實之石」，只要配戴此石與他人接觸，必能看清對方之本質。

DATA

產地 印度、澳大利亞、英國、加拿大、美國、巴西 等

切割方式 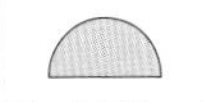

矩形階梯型 凸面型 等

注意點 因為硬度較低，對熱度的抗力也較弱，使用上要特別注意。

顏色多樣性 淡綠～深綠、黃、灰色、白、無色

墜子／76,650日圓㉓ 鍊子／33,600日圓㉓

Fluorite

別名＊氟石　硬度④

螢石

顏色變化豐富多樣，
隨著欣賞角度的不同而呈現不同的顏色。

特徵・歷史

螢石的顏色豐富多變化，對著紫外線時會散發出如螢火蟲般的光輝，因此日本人稱之為「螢石」，另外加熱時也會發光，容易溶解及碎裂。

品質鑑定方法

瑕疵及傷痕較少者品質較佳，硬度低很容易碎裂，因此研磨時為了保護表面不受損，通常都會以水晶防護覆蓋其上。

石語・石能量

石語　微弱的希望

石能量
- ◆淨化精神及肉體（無色）。
- ◆提升健康、思考力、集中力（綠色）。
- ◆提供活力、帶來光明的希望（黃色）。
- ◆提升戀愛運（粉紅）。

螢石的傳說

螢石與人類之間的關係相當攸遠，據說古羅馬時代人們相信，只要以條紋圖案的螢石製成的杯子喝酒，喝再多也不會醉。這個功效雖然沒有被證實，但當時的羅馬卻非常流行使用螢石製成的杯子。另外，據說「Fluorite」這個名稱是取其容易溶解的特性，源自於拉丁文「fluere」，是「流動」的意思。

DATA

產地　美國、英國、義大利、加拿大、德國、捷克、波蘭、瑞士　等

切割方式

矩形階梯型　凸面型　圓粒型　其他混合式　等

注意點　因為硬度比較低，容易受傷，強力的撞擊容易造成碎裂，使用上要特別注意，盡量避免以超音波震動洗淨。

顏色多樣性　濃淡紫色、濃淡綠色、藍、黃、橙、粉紅、無色

左方項鍊／18,900日圓⑬　右方項鍊／5,250日圓⑱

Pectolite (Larimar)

別 名＊水松石、拉利瑪石　硬度 4.5～5

針鈉鈣石
（拉利瑪石）

彷彿將夏天的海水切割下來似的，
擁有美麗如海水般顏色的寶石。

特徵・歷史

別名「拉利瑪石」（Larimar），是以多明尼加出產藍色針鈉鈣石的現有地拉利瑪命名，台灣稱之為「水松石」。這是於１９７６年所發現的年輕寶石，讓人聯想到加勒比海的美麗藍色是因為其中混雜了藍銅礦而成，所以也稱為「藍色針鈉鈣石」。

品質鑑定方法

透明感高，色澤優美者品質較佳，只有多明尼加南部的Barahona礦山才有生產，產量稀少導致價格昂貴。

石語・石能量

石語　平和與愛

石能量　◆給予平穩心情及友情。
◆從錯誤的心理束縛中解放。

拉利瑪石的傳說

拉利瑪石的名字由來，據說是由發現者諾曼拉林以自己女兒的名字「Larisa」，和西班牙文中代表海洋的「Mar」，兩者組合而成。被認為是「愛與和平」的象徵，可以鎮定因人際關係而產生的問題及波瀾，將封閉的感情解放，帶來心中的和平，讓人「回歸自然」。

DATA

產　地　多明尼加 等

切割方式　凸面型　等

注意點　比較起來屬於較不易切割的寶石，長時間浸泡在水裡可能會導致變色，不可以超音波震動洗淨。

顏色多樣性　白、灰、淡黃、粉紅、天空藍色

戒指／28,350日圓⑱　下方手鍊／78,750日圓⑱　上方手鍊／9,450日圓⑱

Hematite

別名＊腎臟石、黑色鑽石　硬度 5.5～6.5

赤鐵礦

經過研磨可以散發出吸引人的美麗光澤。

特徵・歷史

原本呈現不透明狀，但經過研磨之後會散發銀色的光澤，屬於鐵礦石的一種。赤鐵礦出土時形狀看起來像腎臟，因此也稱之為「腎臟石」，當成裝飾配件使用的話，也可以稱為「黑色鑽石」。

品質鑑定方法

能散發優美光澤者品質較佳。要注意，用於製鐵材料的鐵礦石，就算研磨也無法散發出光澤。

石語・石能量

石語　密切燃燒的思念

石能量　◆帶來自信和勇氣。
◆提高面對緊張的的抵抗力。
◆活化身心的能量。
◆改善性寒、生理痛、貧血現象。

赤鐵礦的傳說

「Hematite」名稱的由來，是因為赤鐵礦在切割或研磨時，會噴發出鮮紅色的粉末，因此希臘文代表「血」的字是「hema」，便以此命名。在古羅馬被尊稱為「戰神馬爾斯之石」，是庇佑戰爭勝利的引導石，據說當時的兵士們要上戰場之前，只要以赤鐵礦摩擦身體，就可以得到戰神馬爾斯的幫助，避免受傷。聽說還有止血的效果，可以讓受傷的身體盡快痊癒復原，可以說是戰爭時不可缺少的護身石。

DATA

產地　英國、義大利、巴西、墨西哥、加拿大、古巴、美國、德國、歐洲其他各地 等

注意點　硬度低，很容易擦傷，所以在使用時要特別注意。

切割方式　凸面型　圓粒型　等

顏色多樣性　黑、黑灰、紅褐色

項鍊／38,850日圓⑮　戒指／71,400日圓⑮

Heliodor

別 名＊黃綠柱石、金黃綠柱石　硬度 7.5～8

金綠柱石

類似祖母綠，
透明度高的淡黃色寶石。

特徵・歷史

綠柱石的一種，因為其內混入了鐵礦，所以呈現出淡黃色～黃綠色的優美色澤，在以前原本是指黃～金黃色的寶石而言，我們稱其為「黃綠柱石」或「金黃綠柱石」，後來就泛指黃綠色的寶石而言。

品質鑑定方法

巴西產的金綠柱石呈現淡黃色，可採用階梯式研磨法以彰顯其顏色濃度，前蘇聯的烏拉爾所生產的金綠柱石被公認品質最好。

石語・石能量

石語　高尚的精神

石能量　◆提升藝術品味，發揮各種事物的創造力。
◆與個性相投的人相遇。

金綠柱石的傳說

法文中代表太陽的「helio」和代表黃金的「d'or」組合而成的金黃色綠柱石，再以希臘神話中太陽神赫利俄斯的名字命名，希臘文中也代表「奉獻給太陽」的意思，此石從古埃及和古希臘時代開始，就被尊崇為「來自神的禮物」，當作象徵希望的寶石，據說此石還可以治癒靈魂的創傷，讓人原本所擁有的能量重新覺醒。

DATA

產地	馬達加斯加、巴西、俄羅斯、納米比亞、美國 等
切割方式	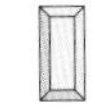 矩形階梯型　其他花式切割　等
注意點	因為硬度高，不容易擦傷，屬於耐久性較優良，較容易保養的寶石。
顏色多樣性	淡黃色～黃綠色

項鍊／27,300日圓⑱　戒指／50,400日圓⑱

硬度 3.5～4.5

孔雀石

條紋圖案的美麗寶石，
深受埃及豔后克莉佩卓青睞。

特徵・歷史

具有光澤的濃綠底色裡，夾雜著淡綠相間的條紋圖案，與藍銅礦和矽孔雀石共生，出土時大多呈現塊狀。因為此石外表的圖案和孔雀的羽毛非常相似，因而命名為「孔雀石」。

品質鑑定方法

顏色呈現出明顯的濃淡差別，條紋圖案呈現同心圓狀者可說是最高品質。

石語・石能量

石語　伴隨著危險的愛情

石能量
◆具有療癒效果、可以穩定心情。
◆能夠解讀對方的心理。
◆鎮定激動的感情。

孔雀石的傳說

據說孔雀石具有解毒的作用，對於預防眼疾有很好的效果，因此孔雀石和眼睛相關的傳說特別多。在古埃及時代，孔雀石被磨成粉末當作眼影使用，因為皇后克莉佩卓特別愛用而出名。或許是為了強調美感以及避免小蟲等理由，而在眼睛周圍塗上粉末，也有可能是期待能以此石達到「提高對事物的洞察力、直觀力」。

DATA

產地　薩伊、納米比亞、美國、墨西哥、尚比亞、澳大利亞、俄羅斯　等

切割方式

凸面型　圓粒型　等

注意點　硬度低容易碎裂，具多孔性質，泡水可能會導致變色，避免超音波震動洗淨。

顏色多樣性　綠、黑綠

手鍊／5,040日圓⑱　項鍊／14,175日圓③

Morganite

別名＊粉紅綠柱石　硬度 7.5～8

摩根石

與祖母綠類似的寶石，
卻擁有討人喜愛的粉色系列。

特徵・歷史

與海藍寶石及祖母綠一樣，都是屬於綠柱石的一種，因為錳礦的作用而呈現出粉色系列的綠柱石稱為摩根石，具有多色性（參照P125），會依據欣賞的角度不同而產生兩種不同顏色的變化，甚至有時看起來呈現無色。

品質鑑定方法

摩根石的體積必須足夠大才能夠享受顏色變化的樂趣，因此選購體積較大的摩根石較有價值。

石語・石能量

石語　可愛的好性格

石能量
◆能夠引發主人潛在的魅力，變身成擁有多種魅力的人。
◆引發美麗與可愛的個性。
◆有機會遇到理想的男性。

摩根石的傳說

摩根石的名稱來自一位美國的銀行家，也是知名的藝術品收藏家J・P・摩根先生。在1911年時，由蒂芬妮珠寶公司的寶石顧問肯茲博士命名。摩根石可愛討喜的粉紅色，象徵著「愛情」「清純」「優美」，據說能為佩戴的人帶來體貼的心情及智慧，並培養洞察事物真相的能力。

DATA

產地　巴西、美國、巴基斯坦、莫三比克、馬達加斯加　等

注意點　硬度較高不易擦傷，屬於耐久性佳的寶石。

切割方式

明亮型

矩形階梯型　等

顏色多樣性　粉色

戒指／294,000日圓㉓

Labradorite

別名＊拉長石　硬度 6～6.5

鈣鈉斜長石
（拉長石）

擁有貝殼般光彩獨特的寶石。

特徵・歷史

鈣鈉斜長石是長石的一種，隨著角度變化而散發出繽紛的色彩，那種以藍色為基調所發出的虹色光輝，經常被比喻為「蝴蝶羽翼」或「彩貝光澤」。

品質鑑定方法

選擇光澤優美者較佳，芬蘭的優利瑪地方所出產的鈣鈉斜長石，能散發如光譜般的虹色，可說是最優良的種類。

石語・石能量

石語　思念殷切

石能量　◆讓內在魅力及潛在能力開花結果。
◆帶來創作的靈感。
◆釋放壓抑的深沉悲傷，找回真正的自己。

鈣鈉斜長石的傳說

鈣鈉斜長石的名稱是來自於18世紀後期，傳教士在加拿大東部的拉不拉多半島發現此石，因而命名。鈣鈉斜長石的特徵就是那美麗閃耀的光澤，以及神秘深冷的寒光，感覺像宇宙之光，據說因此也被稱為「象徵月亮和太陽之石」，人們相信：藉由此石可以培養如月亮般冷靜的直觀力、洞察力，同時也可以擁有太陽般熱情的活力。

DATA

產地　加拿大、馬達加斯加、芬蘭、美國、澳大利亞、墨西哥　等

注意點　因為鈣鈉斜長石不耐壓迫，很容易碎裂，因此在使用上要特別注意，避免以超音波震動洗淨。

切割方式

凸面型　圓粒型　等

顏色多樣性　粉紅、橙、黃綠、黃、藍灰、黑、無色

項鍊／⑦　戒指／214,200日圓⑲

Rutilated quartz

針水晶

別名＊髮晶　硬度⑦

含有針狀內包物的透明水晶。

特徵・歷史

透明水晶中含有紅色、黑色或金黃色等金紅石針狀結晶，因此也被稱為「維納斯之髮」，一般來說含有電氣石等其他針狀物質的水晶都可以這樣稱呼。

品質鑑定方法

針狀金紅石呈現放射線狀者品質較佳，感覺渾濁的結晶佔大多數，透明度高的非常罕見。

石語・石能量

石語　家庭圓滿

石能量
◆引發財運及賭博運。
◆金紅石能提高水晶的能量，增進集中力、直觀力、持久力。
◆給予前進的勇氣及行動力。

針水晶的傳說

金紅石的名稱源自於拉丁文「rutilus」，意思是「金黃色光輝」。髮晶中包含了閃耀著金黃色的金紅石，因為金色會讓人聯想到富貴，人們相信此石會帶來金錢運及財運，可說是富貴的象徵，此外內含紅色針狀結晶的金紅石，針狀的外形象徵著邱比特手中的愛情箭，據說可以增加吸引異性的魅力。

DATA

產地　馬達加斯加、巴西、南非、印度、斯里蘭卡、瑞士　等

切割方式

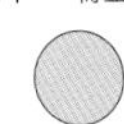
明亮型

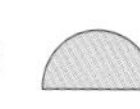
圓粒型

凸面型

其他花式切割　等

注意點　對水分及化學藥物的抗力較強，汗漬及油脂會造成霧面現象，長期曝露在紫外線下可能會褪色，請特別注意。

顏色多樣性　黑、暗紅、紅褐、藍、紫、綠

戒指／⑯　項鍊／⑯

玫瑰水晶

長久以來一直受人們喜愛的粉紅色寶石。

Rose quartz

別 名＊粉紅水晶　硬度 7

特徵・歷史

玫瑰水晶是指粉紅色或玫瑰色的石英，屬於水晶的一種，一般稱為粉晶，也許是顏色中帶有微量的鈦金屬而呈現粉紅色，詳細原因並不清楚。整顆呈透明狀者最為珍貴，因為大部分的玫瑰水晶都呈現霧狀且帶有瑕疵，因此較常用於雕刻，反而較少做成寶石。少數的玫瑰水晶中含有針狀的金紅石。將原石切割成凸面蛋形會呈現星光現象，也就是所謂的「水晶星石」。

品質鑑定方法

若是以寶石條件來要求的話，請選擇透明度高，純粹粉紅色者品質較佳。但是這種品質較佳的粉晶，只有在巴西生產，數量非常稀少，市場上不太流通，一般以粉紅色半透明～不透明的粉晶為銷售主流。

石語・石能量

石語　◆愛的告白

石能量　◆成就戀愛。

◆永保美麗與青春。

◆療癒過去所受的情傷，給予疼愛自己的能力。

玫瑰水晶的傳說

在希臘神話中，玫瑰水晶是「愛與美」的女神・阿芙蘿狄蒂所居住之處，因此也被稱為「阿芙蘿狄蒂之石」，也有傳說為此石是為了要讚頌阿芙蘿狄蒂的美麗而栽種，為了奉獻給女神的玫瑰等…各種說法，因此粉晶也被稱為「玫瑰水晶」。自古以來就被認為是成就戀愛、守護愛情的寶石，歐美人至今仍認為此石象徵著誠實的愛情，稱之為「愛情寶石」。此外大家都知道：阿芙蘿狄蒂也是代表和平及調和的女神，因此配戴此石，不僅能成就戀愛，還可以提升疼愛自己的能力，增加自信及魅力，得到好人緣，改善人際關係。

DATA

產地　馬達加斯加、巴西、蘇格蘭、俄羅斯、美國、西班牙　等

切割方式

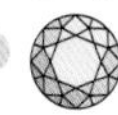

明亮型　圓粒型　其他浮雕　等

注意點　對水分及化學藥物的抗力較強，汗漬及油脂會造成霧面現象，長期曝露在紫外線下可能會褪色，請特別注意。

顏色多樣性　粉紅、玫瑰色

項鍊／472,500日圓①　戒指／273,000日圓①

無色水晶

——分布於世界各地的石英礦中，屬於無色透明的結晶體。

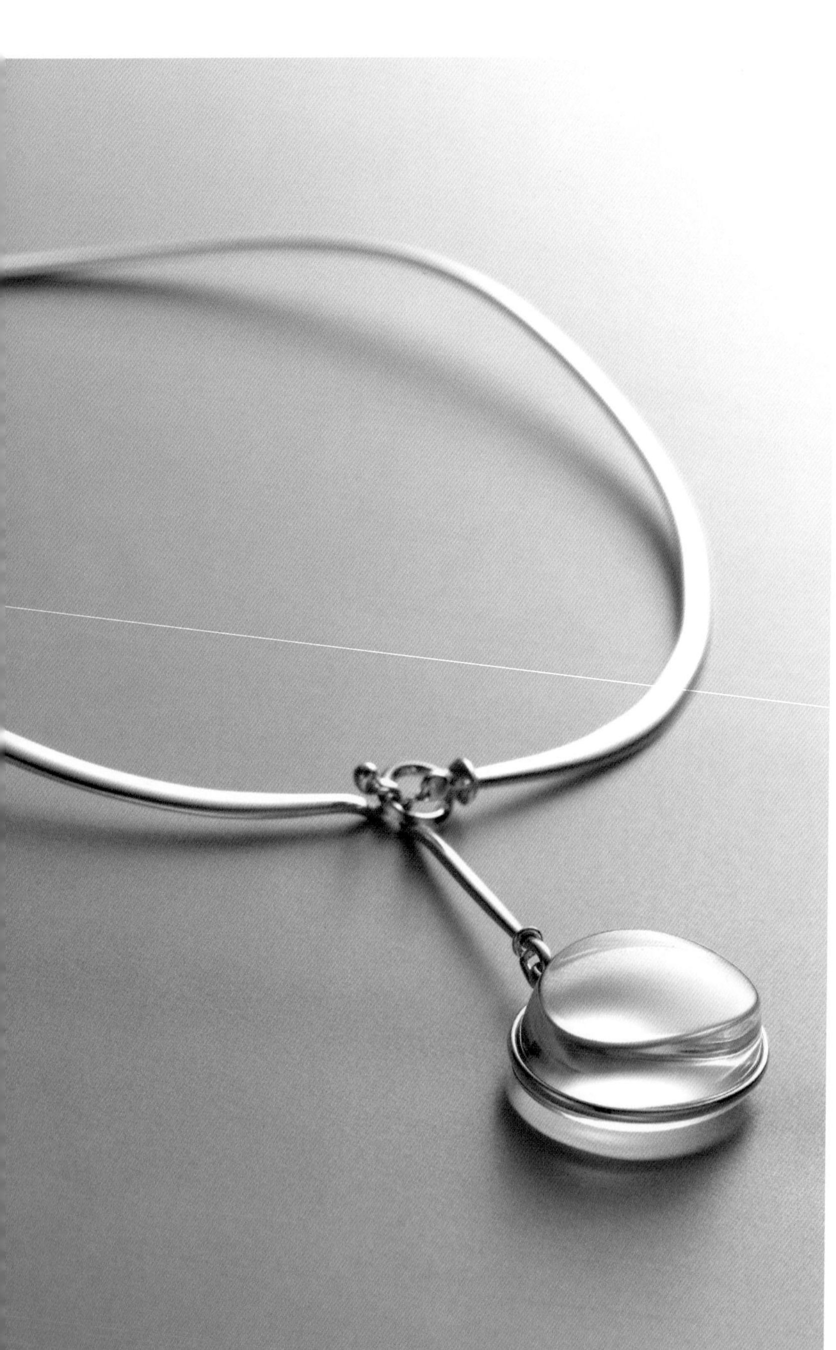

Rock crystal

別名＊水晶　硬度 7

特徵・歷史

無色水晶是指石英中無色透明的水晶，能量石中非常受歡迎的乳石英，因為受到不純物及內包物的影響而呈現白濁的乳白色或奶油色。石英（Quartz）分布於世界各地，其名稱源自於希臘文「Krustalos」，是「冰」的意思。自古以來大多被用來作為雕刻的材料，近年來在精密鐘錶及海底通信機、分光器稜鏡、鏡頭等方面的產業提升下，無色水晶的價值也隨之提高，附帶一提的是使用於製作玻璃的水晶，稱為「水晶玻璃」，是在玻璃中加入氧化鉛製造而成的，和天然水晶不同。

品質鑑定方法

透明無瑕疵者品質較佳，但一般說來，巴西產的無色水晶不僅產量大，品質也高，還有馬達加斯加島也出產大型的結晶礦石。

石語・石能量

石語　慧心

石能量
- ◆引發內在潛力。
- ◆淨化一切、召來幸運。
- ◆提高新陳代謝、增強免疫力。

無色水晶的傳說

由於是在阿爾卑斯山的冰河發現，因此被認為是冰所形成的化石，自古以來人們深信此石擁有不可思議的力量，因此常被用於除靈、祈禱及宗教儀式等，也被當作防災、庇佑、預知過去及未來的道具。甚至中世紀的歐洲人認為：只要喝了浸泡過水晶的甜蜂蜜或葡萄酒，或是配戴用無色水晶雕刻成鷹面獅身獸的護身符，可以使母乳豐富、源源不絕。除此之外，此石還具有淨化作用，被當作是治療各種疾病的特效藥，尤其是上等品質的水晶，常被當作各種毒害的解毒劑。

DATA

產地	巴西、美國、瑞士、加拿大、墨西哥、斯里蘭卡、日本、其他世界各地　等
注意點	對汗水及油脂抗力較弱，直接接觸皮膚的話容易造成霧面現象，使用後請以柔軟的布擦拭保養即可。
顏色多樣性	無色

切割方式

明亮型

矩形階梯型

圓粒型

其他浮雕型　等

項鍊／117,600日圓⑮

Rhodochrosite (Inca rose)

別 名 ＊ 印加玫瑰　硬度 3.5～4

菱錳礦
（印加玫瑰）

粉紅色的美麗寶石，
是極受歡迎的能量石。

特徵・歷史

菱錳礦通常都和方解石共生，阿根廷的安地斯山脈所開採的菱錳礦結晶品質最為優良，顏色看起來像玫瑰花的樣子，因此稱為「印加玫瑰」，菱錳礦（Rhodochrosite）的名稱，在希臘文中也是指「玫瑰色寶石」的意思。

品質鑑定方法

顏色濃、透明度高的品質較為優良，美國科羅拉多州所生產的菱錳礦被公認品質最為上等。

石語・石能量

石語　新歡及浪漫的來臨

石能量
◆療癒內心的傷痕。
◆擁有平衡肉體、精神、感情三方面的統合能力。
◆得到財富及名聲。

菱錳礦的傳說

據說古代印加人尊崇菱錳礦為「粉紅色玫瑰圖案的珍珠」，將其視為非常重要的寶石，也被認為是象徵「愛與純潔」的寶石。人們相信只要擁有它，就可以包容豐富的愛情，療癒內心的傷痛。而且據說紅色寶石可以讓人得到財富及名聲，而印加玫瑰所擁有的力量比紅寶石還要強得更多，因此與其將它當成隨身配飾品，不如將它當成守護身體的護身石。

DATA

產地：阿根廷、美國、日本、墨西哥、南非共和國　等

切割方式：
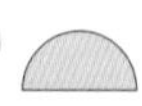

凸面型　圓粒型　其他浮雕型　等

注意點：非常容易碎裂，對酸的抗力也很弱，紫外線可能會造成褪色現象，因此要特別注意，不可以超音波震動洗淨。

顏色多樣性：粉紅、白、黃、灰

手鍊／24,150日圓⑱　鍊子／2,100日圓⑱　墜子／26,250日圓⑱　戒指／8,925日圓⑱

Rhodonite

別名＊玫瑰石　硬度⑥

薔薇輝石

如燃燒般的深粉紅色，
彷彿將玫瑰花濃縮在美麗的寶石裡。

特徵・歷史

因為矽酸錳礦物而帶有特殊的粉紅色或玫瑰紅色，因此稱之為薔薇輝石，外表和孔賽石（P81）等類似，所以很容易被混淆，但玫瑰石屬於翡翠家族，產出時大多呈現半透明塊狀，含錳較多者外表會呈現黑色葉脈紋。

品質鑑定方法

具透明感、顏色較深者品質較為優良。澳大利亞所出產的玫瑰石，呈深濃紅色、透明度高，被稱為「帝王紅玫瑰石」。

石語・石能量

石語　內心秘密的單戀

石能量　◆增進人際關係的圓融。
◆對事物保持積極性。
◆保持身心的平衡、增強肉體的能量。

玫瑰石的傳說

自古人們深信玫瑰石具有除靈、解咒及避免邪魔靠近的強力神秘力量，對美國早期的原住居民來說玫瑰石與土耳其石並列，是驅魔及宗教儀式上不可缺少的聖石，這些被認為能夠喚醒神靈能力的寶石，或許能夠感受大地及宇宙的巨大能量而產生共鳴吧！

DATA

產地　澳大利亞、美國、俄羅斯、瑞典、墨西哥、日本、中國、英國　等

切割方式

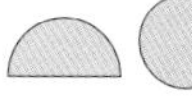

凸面型　圓粒型　其他浮雕型　等

注意點　非常容易碎裂，對酸性及藥物的抗力很弱，使用保養上要特別小心謹慎。

顏色多樣性　粉紅、紅

墜子／14,700日圓⑥　手鍊鍊子／12,600日圓⑥

Column

結婚相關的珠寶

訂婚或結婚時要戴訂婚戒指或結婚戒指的習慣，
到底是從什麼時候開始的呢？

訂婚戒指的歷史由來

象徵承諾的戒指

訂婚戒指的歷史，據說在西元前1世紀左右的古羅馬時代到達頂盛，此時的戒指是作為認定男女兩人婚約的証明，同時也象徵生命和永遠，因而送給對方鐵製成的戒指，因為鐵的質地堅硬，做成戒指正好表示兩人的愛堅定永恆不變。

到了2世紀時，以貴族階級為中心的上流社會，開始使用黃金戒指，之後又慢慢演變成在戒指上鑲嵌寶石而成為寶石戒指。

象徵兩人堅貞的愛情

西元860年時，教皇尼古拉斯一世下令道：「訂婚必須要有訂婚戒指」，這道命令正式開啟了日後贈送女性高價戒指的傳統。14世紀的文藝復興時期，作工細緻的「嵌合戒指」正式登場，由兩只戒指重疊合併成一只戒指，正好象徵著兩人相愛，永不分離，因此在市場上非常受歡迎。

永遠的光輝

贈送鑽石婚戒據說是起源於1477年，澳大利亞的馬克西姆林大公贈送了鑽戒給法國布爾戈涅的瑪莉公主。15世紀時，由於切割研磨技術的進步，已經可以將鑽石如金字塔頂端的尖端磨成桌面形台面，因此鑽石戒指成為設計的主流，但此時只限於貴族之間的訂婚戒指。後來隨著切割研磨的技術更進一步，開始流行以各種方式切割而成的鑽戒，到了19世紀，已經出現了57面體明亮式切割鑽戒（據考證為17世紀），加上南非發現新的鑽石礦山，產出量大增，因此一般平民也可以購買得起鑽石戒指，同一時期，寶石飾品搭配用的白金金屬普及化，於是形成了目前我們所知道由鑽石和白金搭配而成的鑽石戒指。

「訂婚戒指需要花費3個月的薪水？」

如果說到訂婚戒指，腦海裡不免想起這句有名的台詞，這是世界第一大鑽石公司比爾斯為了促銷鑽石而在日本推出的廣告宣傳文案，目前訂婚鑽戒的平均價格約為日幣35萬元，事實上不到3個月的薪水，不知這份廣告當時在美國是否寫著「需要2個月的薪水」呢！

結婚戒指的歷史由來

結婚戒指在基督教來説，是象徵獻給神的「契約印記」，約從11世紀開始流行起來。為什麼結婚戒指要戴在左手的無名指呢？據説古埃及人相信：無名指通過「愛的血管」直接與心臟連結，和象徵誓言相愛的結婚戒指非常適合。

結婚戒指要戴左手？右手？

在日本，一般人的結婚戒指是戴在左手的無名指，但是，英國一直到16世紀都是戴在右手的無名指，聽說現在東歐的某些地區，仍舊維持右手無名指戴婚戒的習慣，在台灣，女性將婚戒戴在右手的無名指，男性戴在左手無名指，由此可知，根據國家及地區不同，習慣上也有差異。

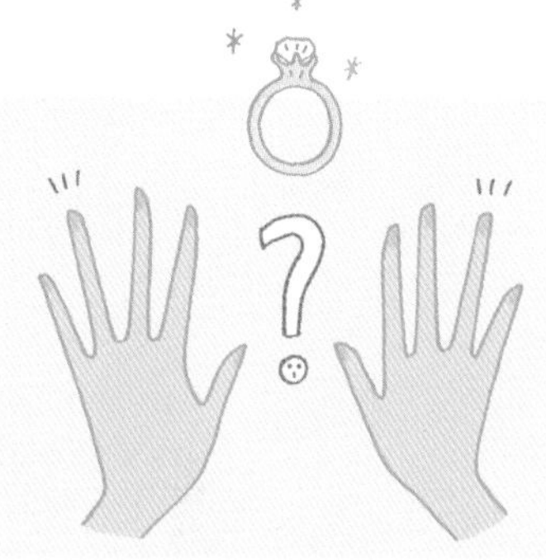

代表結婚紀念日的珠寶

在歐美國家，自古就有在結婚紀念日當天送禮的習慣，贈送對方適合的禮物，在此我們於眾多禮物當中挑選出天然寶石來介紹。

12周年	瑪瑙婚
13周年	月光石婚
14周年	苔瑪瑙婚
15周年	水晶婚
16周年	拓帕石婚
17周年	紫水晶婚
18周年	石榴石婚
19周年	風信子石婚
23周年	藍寶石婚
26周年	星光藍寶石婚
30周年	珍珠婚
35周年	珊瑚婚
39周年	貓眼石婚
40周年	紅寶石婚
45周年	金綠婚（亞歷山大石）
52周年	星光紅寶石
55周年	祖母綠婚
60周年	黃金金剛鑽婚
65周年	星光灰藍寶石婚
67周年	星光紫藍寶石婚
75周年	鑽石婚

第三章

天然寶石・珠寶的基本常識

這一章裡

詳細敘述天然寶石

從開採到販賣之間的過程、

寶石的性質以及與切割方式相關的專門用語、

飾品的設計名稱等，

同時也詳細介紹了與寶石飾品相關的所有基本常識，

相信對你在店面選購寶石飾品時，

會有很大的幫助。

裸石／⑩　原石／⑱

天然寶石的製作過程

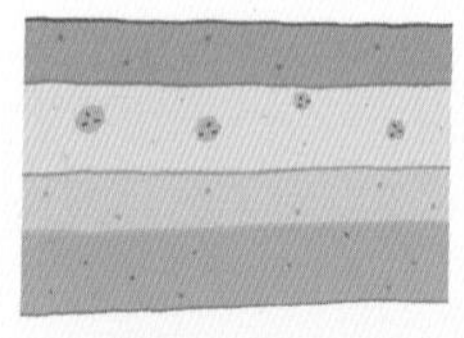

漂砂礦床採掘

因為風化及浸蝕作用寶石原石流入河川後，在河川的堤岸、海岸線以及沿著海底堆積而成砂地或砂礫。之後人們再從黏土層裡開採出寶石原石的方式。

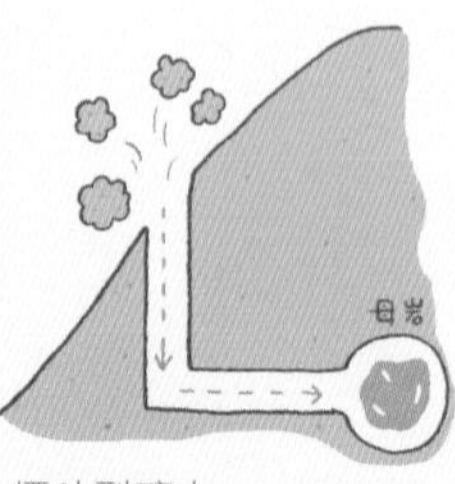

煙斗型礦山

往地面下挖出長達數十～數百公尺的垂直坑道，再從垂直坑道挖出一條水平坑道將母岩爆破，以機器從地底取出碎石並篩選出可用之原石。

開　採

寶石的原石，從礦山和礦山之間流出後，在河川及海岸邊堆積形成礦床。南非共和國及西伯利亞的鑽石礦山，是被稱為「煙斗型」的礦山，正在進行大規模的機械挖掘行動，另一方面，在斯里蘭卡及緬甸等國家，卻仍舊進行完全仰賴人工的傳統挖掘方法，另外少數地方採用機械化的小規模開採方式。

鑽石的買賣

買者們會買入研磨後的裸石，有時會買未經研磨的原石，最近親赴出產地進行鑽石買賣，提供比市場上更便宜的寶石小量販賣業者漸漸增多。另外，在世界最大的祖母綠輸出國哥倫比亞，也有日本人由最早的買家身分開始發跡，後來經營祖母綠礦山而被稱為「祖母綠之王」。

近年來，已經可以將原石一顆顆各別以電腦測量計算出最適合的切割方式，切割之後再進行分級作業。

切割・研磨

分別選出原石後，讓技師進行原石研磨及切割作業，刻面的位置及角度只要有些微的差異，就會影響寶石的光澤及美感，當然也會大大地影響販賣的價格，因此切割研磨必須具備熟練的技術，大部分的原石都是在當地進行研磨切割，但是現在的鑽石幾乎都是在美國的紐約、比利時的安特衛普、以色列的色拉維夫、印度的孟買這四個鑽石切割研磨中心進行切割與研磨。

✳ 寶石設計 ✳

所謂的「寶石設計」是針對寶石的特性加以考量，畫出精密的設計圖，其中不乏自行設計、製作、販賣的設計師，最近訂做珠寶的人數增加不少，大多會先與專業設計師討論後才決定珠寶的款式。

✳ 工藝技術 ✳

所謂的「工藝技術」，是指將設計圖實際設計加工成為作品的作業過程，珠寶設計是依照設計原形圖製作蠟模，使用蠟模鑄形、切割、研磨加工、製作托台等，根據所搭配的金屬種類及珠寶的品目，細分成各種不同的技術。

✳ 店面購買珠寶 ✳

在門面亮麗整齊的珠寶店裡，具有寶石基本常識、搭配技巧以及寶石禮儀的珠寶諮詢師會給我們建議及意見，購買珠寶時，要選擇信譽良好的店家，事先告訴珠寶諮詢師預算及喜歡的款式再來做選擇，會比較方便，同時確定是否有維修變形金屬、擦傷寶石、修改尺寸等完整的售後服務。

修改尺寸・舊品翻新

最近非常流行將舊款式的珠寶翻製成新穎的設計款式，可以向原先購買珠寶的店家詢問相關資訊。

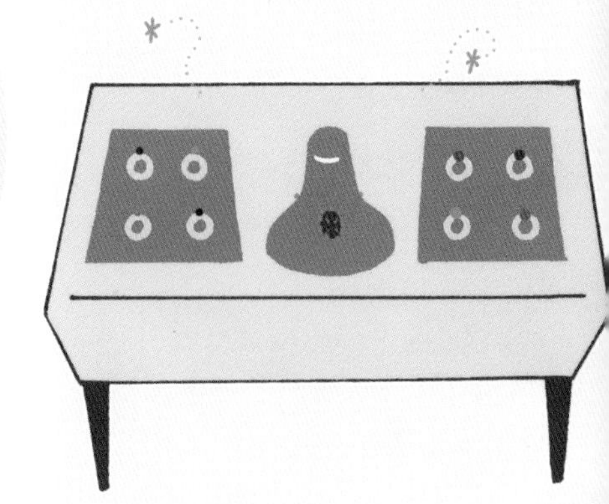

鑑定書和鑑別書

＊ 鑑定書 ＊

所謂的鑑定書是用來證明鑽石品質的「品質保證書」。鑽石以所謂的“4C”，也就是4個以C開頭的要素來做為評選的標準，目前經世界權威認定的鑑定書以比利時的HRD和美國的GIA最為知名。

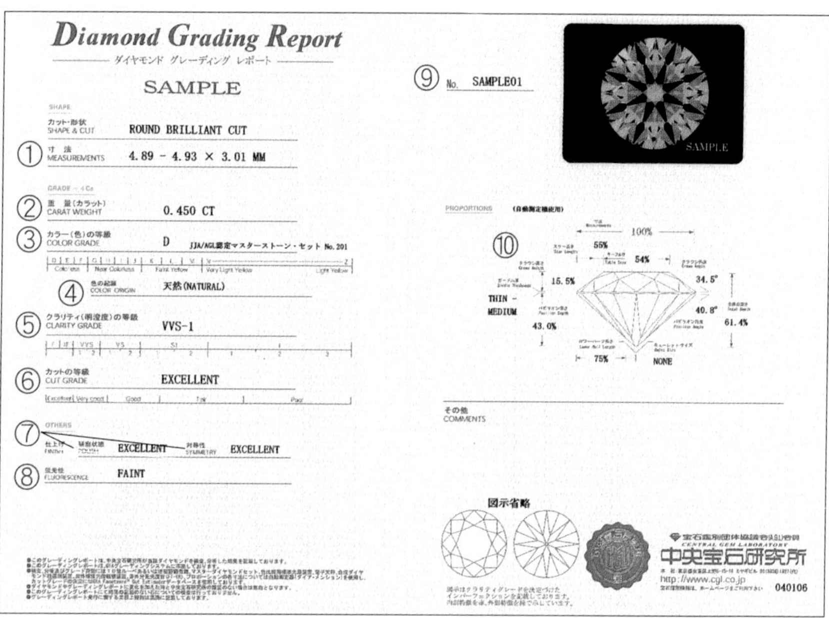

Diamond Grading Report
ダイヤモンド グレーディング レポート
SAMPLE

⑨ No. SAMPLE01

SHAPE
カット・形状 SHAPE & CUT　ROUND BRILLIANT CUT
① 寸法 MEASUREMENTS　4.89 - 4.93 × 3.01 MM

GRADE - 4Cs
② 重量（カラット）CARAT WEIGHT　0.450 CT
③ カラー（色）の等級 COLOR GRADE　D　JJA/AGL認定マスターストーン・セット No. 201
④ 色の起源 COLOR ORIGIN　天然(NATURAL)
⑤ クラリティ（明澄度）の等級 CLARITY GRADE　VVS-1
⑥ カットの等級 CUT GRADE　EXCELLENT

OTHERS
⑦ 仕上げ FINISH　研磨状態 POLISH　EXCELLENT　対称性 SYMMETRY　EXCELLENT
⑧ 蛍光性 FLUORESCENCE　FAINT

PROPORTIONS
⑩ 100%　56%　54%　15.5%　34.5°　THIN - MEDIUM　40.8°　43.0%　61.4%　75%　NONE

その他 COMMENTS

図示省略

中央宝石研究所
http://www.cgl.co.jp
040106

①尺寸

紀錄使用自動測量儀器測量鑽石的兩個腰圍直徑（最小直徑和最大直徑）以及整顆鑽石的高度。

②克拉重量

測量至小數點第3位

③顏色等級（參考下列所述）

④顏色來源

紀錄鑽石顏色是天然形成或是人工形成。

⑤淨度（參考下列所述）

⑥車工（參考下列所述）

⑦拋光、對稱性

分成「非常優良、良好、好、尚可、不佳」五個等級。

⑧螢光性

紀錄螢光的色調及強度。
此點和鑽石品質沒有關係。

⑨報告編號

每一份報告都有一個編號。有效日在報告的右下角，依照月、日、西元年（2碼）的順序紀錄。

⑩尺寸大小

各部份的尺寸是相對於腰圍部份的平均直徑的比例數值。

腰圍厚度：依照鑽石腰圍厚度的比例，分成8種說法。
尖底的大小：依照尖底的大小及狀態，分成10種說法。

※腰圍、尖底部分請參照P25的鑽石切割圖。

鑽石的4C　鑽石的品質以所謂的「4C」來評價，重點敘述如下（詳細請參照P25）。

Carat（重量）
表示重量的單位，1克拉＝0.2g。

Color（顏色）
從無色透明的D級到黃色的Z級，共分為23等級。

Clarity（淨度）
表示鑽石的透明度，依據內包物及有無瑕疵來評價。

Cut（車工）
以是否接近完美車工為評選標準。GIA的鑑定書上並沒有紀錄車工的等級。

＊ 鑑別書 ＊

鑑別書是以科學的方法分析、檢查後，證明該寶石是什麼名稱，最主要是用來識別寶石為天然寶石或人工處理石，所以鑑別書上並未紀錄任何與寶石品質相關的數據。

SAMPLE

Gem Identification Report

宝石鑑別書

No. SAMPLE06 ⑥

①鉱物名 天然ベリル

②宝石名 エメラルド

透明度の改善を目的とした無色透明材の含浸が行われています。

③色と透明度 透明緑色

カットの形式 エメラルド カット

④重量 1.300 D0.55 (刻印)

⑤寸法 6.50 × 6.20 × 4.80 mm

屈折率 1.58-1.57 ⑦

多色性 認む ⑧

比重 セットのため測定不可 ⑩

分光性 クロムラインを認む ⑪

拡大検査 三相包有物 ⑫

偏光性 ⑨ 複屈折性

蛍光性 認む

備考 脇石：ダイヤモンド

CENTRAL GEM LABORATORY 中央宝石研究所

URL. http://www.cgl.co.jp

090104

①礦物名稱

記載礦物名稱以及生物學上的正確稱呼，除了必要的切割研磨手續之外，未經過人工處理的寶石，在礦物名稱前都會冠上“天然”兩個字。

②寶石名稱

記載礦物中細分的變種名稱，或是以寶石來分類的變種名稱。

③顏色及透明度

記載檢查後寶石的透明度和顏色。

④重量

以克拉來表示重量（1克拉＝0.2g），重量後面會有「（刻印）」兩字，表示寶石完成後的重量如實刻上。

⑤尺寸

記載長×寬×高的尺寸。複數石的情況下會標明「省略」，無法測定的情況下會標明「無法測定」。

⑥報告編號

每一份鑑別書都有一個編號。

⑦折射率

光從空氣中進入寶石時，產生折射的角度比例，依據寶石的類別，各有固定的折射率。

⑧多色性

從不同的角度觀察寶石時，會轉變成另一種或多種顏色或色調的寶石特性。

⑨偏光性

光射入寶石中屈折時，在內部若分成2束屈折前進的光，稱為複屈折性，若仍維持1束光則為單屈折性，這些特性也因寶石的種類而有所不同。

⑩比重

寶石在空氣中的重量，和同體積水的重量比例，根據寶石種類各有固定的比重值。

⑪分光性

透過分解、檢查寶石經光照射後產生的反射光及透視光的波長，用以調查寶石對光吸收的特性。

⑫擴大檢查

在擴大數十倍的顯微鏡下檢查寶石的內部，用以了解寶石的天然特徵及寶石的獨有特性。

天然寶石的使用及保養

重要的珠寶若能妥善保養，妳就能夠終身享受珠寶帶來的美麗光輝。

■寶石使用後

一定要以柔軟的布擦拭，特別是珍珠等有機質的寶石類，絕對不可欠缺這道手續，同時為了避免被其他寶石擦傷，請務必要個別保管。

■沾染油霧時

先以柔軟的布擦拭過後，再放入中性洗劑裡以洗淨液洗淨，香皂等清潔用品反而會引起不必要的油霧，所以要盡量避免。

■髒污時

溫水中倒入中性洗劑，以軟毛刷輕輕刷洗，但是對水分抗力較弱的寶石，只要用軟布擦拭即可。若要以超音波震動洗淨，必須事先確認過後才可進行清洗。

■擦傷時

貴金屬上少許的傷痕可以回到專門店重新磨光，若發生寶石擦傷或碎裂、缺角等情況，也可以再次切割研磨翻新。

天然寶石的基本常識

＊硬　度＊

指寶石對於摩擦及刮磨所能承受的強度。一般天然寶石的硬度以摩式硬度來表示。

◆摩氏硬度

根據德國礦物學者摩氏在1822年所發表的礦物硬度基準，如下表所示，先選擇出作為基準的10種寶石，再以其他礦物摩擦基準石，測試擦痕度後將礦石分類為10等級，數字越大硬度越高，鑽石只有鑽石才能擦傷，因為鑽石的硬度為最硬的10。

摩氏硬度的標準石

摩氏硬度	礦物名稱	努普硬度
10	鑽石	5500～6950
9	剛玉（紅寶石、藍寶石）	1600～2000
8	黃玉（拓帕石）	1250
7	石英（水晶）	710～790
6	正長石	560
5	磷灰石	430～490
4	螢石	163
3	方解石	135
2	石膏	132
1	滑石	0

摩氏硬度並沒有使用特別的硬度計，只要以目測的方式即可輕鬆測出硬度，所以被廣泛使用，但是硬度測試會傷害寶石本身，因此只有在無其他方法可用時才可採用。

◆努普硬度

由美國的努普博士在1939年發表的硬度測定法，相對於摩氏硬度以寶石堅硬的順序來表示，努普硬度則以更科學的方式測量硬度，若以努普硬度來測試摩氏硬度的標準石，會發現鑽石比起其他礦物的硬度要高出許多。

努普硬度表（橫軸代表摩氏硬度）

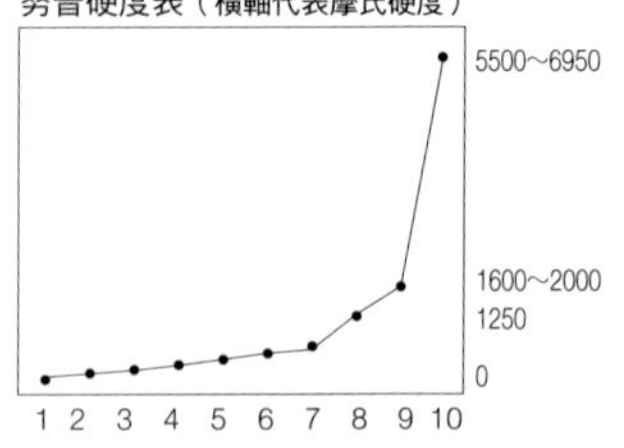

＊韌　度＊

韌度是指寶石能承受撞擊而碎裂的程度。

韌度與承受摩擦的硬度是截然不同的兩種特性。舉例來說：最硬的鑽石硬度為10，卻是韌度最弱的寶石，寶石的構造上都有原子鍵較弱的方向，以鐵鎚往這方向施力則非常容易碎裂，如此說來，翡翠要比鑽石韌性更強，更不容易切割。（請參照次頁「切割方式」）

✳ 切割方式 ✳

依照寶石的不同，切割方式也不同。

◆解理

施加強力於礦物時，礦物會朝向結晶特定方向斷裂的情況就叫做「解理」，解理越接近完全，礦物就越容易斷裂，硬度最高的鑽石，因為解理完全，所以只要對著正八面體的面，平行地施加強力就很容易造成斷裂。

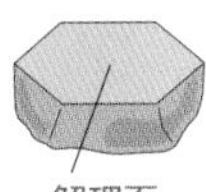

◆斷口

所謂「斷口」，是指礦物斷裂時的斷裂口，不完全解理，甚至是沒有易斷裂方向的礦物，斷口通常參差不齊，形成像貝殼狀、不平坦狀、多片狀、針狀等獨特的斷口面。

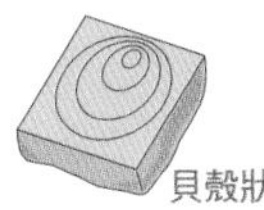
貝殼狀斷口

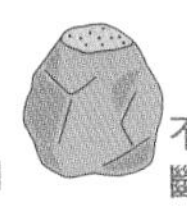
不平坦狀斷口

針狀斷口

✳ 車工及形狀 ✳

天然寶石的車工，大致可分為刻面和凸面兩大類。

◆車工

刻面車工

刻面就是「平面」的意思，寶石表面角度不同而呈現眾多的面，如此會因為光線折射而發出動人的璀璨光芒。

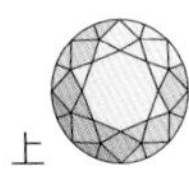

明亮式切磨
常用於透明度高的寶石。

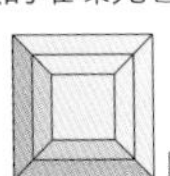
階梯式切磨
以階梯方式切磨，常用於彩色寶石。

矩形階梯式切磨
用於切割時容易缺角的祖母綠，將角度切除的型式。

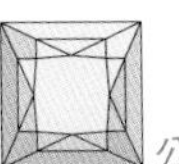
公主方型切磨
四角型融合明亮型的切磨方式，近年來大受歡迎。

凸面型切磨

凸面型就是如同禿頭般，「圓山頭」型的切磨方式，適用於貓眼石等會產生貓眼現象的寶石。

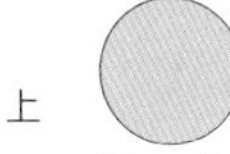

從正圓到橢圓，各種形狀都有。

混合式切磨

由多種切磨方式混合而成，例如上半部是明亮型切磨，下半部則採階梯式切磨。

◆形狀

寶石的形狀有各種不同的說法，在此同時介紹經常一起搭配組合的切磨方式。

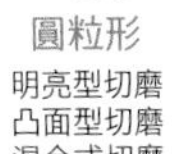
圓粒形
明亮型切磨
凸面型切磨
混合式切磨

橢圓形
明亮型切磨
階梯式切磨
凸面型切磨

正方形
階梯式切磨
公主方型切磨

長方形
階梯式切磨

心形
明亮型切磨
混合式切磨

梨形
明亮型切磨
混合式切磨

馬眼形
明亮型切磨
混合式切磨

枕墊形
明亮型切磨
階梯式切磨
凸面型切磨
混合式切磨

✳ 各種不同的加工處理方式 ✳

為了讓天然寶石看起來更美麗，有下列幾種以人工特別處理的方式。

◆熱處理

加熱可以增強或改變寶石的顏色或透明度，也就是俗話所說的「燒石」，大多是在原石狀況時進行。

◆浸油處理

為了增強寶石顏色並遮蓋裂縫和污點而將寶石浸漬在無色的油或樹酯裡，稱為「浸油處理」，幾乎所有的祖母綠都經過浸油處理。

◆放射線照射

寶石如果經過放射線照射，可能會改變顏色，自然界的輻射需花幾百年的時間才能生效，人工輻射卻只要幾個小時就能改變寶石的顏色，只可惜人工輻射經過長時間的變化，可能會褪回到原來的顏色。

◆著色

著色是指添加天然的著色成分或顏料。這和使用著色劑及染色劑來提色的「染色」不同，經過著色處理的寶石顏色較為安定，染色的寶石經過紫外線照射後，會產生褪色的情形，常用於多孔性質的寶石。

✳ 寶石的稱呼 ✳

寶石的稱呼有很多種，例如天然寶石、合成石、處理石…等，要了解其間的差異是有些困難的，在此介紹幾種代表性的稱呼。

◆天然寶石

不經過人工之手的幫助，在自然界生成的天然礦物，像岩石及有機物等。但是，天然寶石不僅是指未經處理的礦物，也包含生成後經過上述人工方法處理過的寶石。

◆色石

色石是除了鑽石之外，其他天然寶石的總稱，甚至有些無色的寶石也稱為色石，但具有花式色彩的有色鑽石，並不算是色石。

◆合成石

擁有和天然寶石相同的化學組織及結晶構造，就是所謂的「人工寶石」，不僅外觀相似，就連性質也和天然寶石類似，但可以根據寶石的內含物來判斷是否為合成石。

◆處理石

處理石是指經過加熱、放射線照射、著色、染色、塗料等處理過的寶石，也有人將熱處理及放射線照射定位成是自然的作用，只是藉由人類的手來補足而已。

◆仿造石

雖然顏色及外觀與天然寶石非常相似，但是物理性質卻完全不同，也就是所謂的模造品，一直以來即常用玻璃及尖晶石仿造成各種寶石。

◆複合石

為了讓寶石看起來較大、顏色較美而將玻璃片及天然寶石的薄片2、3片貼合在一起的方式。根據貼合片的數量，稱為複合石、三合石…等。

裸石（石榴石）／⑱

✳ 寶石的特徵 ✳

內含物及顏色是用來識別各種寶石的特徵。

◆天然內含物

也就是所謂的「內包物」，是指被包覆在寶石裡的氣泡、液體及其他礦物等，根據天然內含物的內容，大大增加了寶石的可貴性。

◆顏色

雜色性

是指在同一個結晶體中，不同部分具有不同的顏色，有2色、3色，甚至3色以上，以擁有粉紅和綠2色的西瓜電氣石最具代表性。

西瓜電氣石

多色性

從不同的角度觀察寶石時，它會轉變成另一種或多種顏色及色調，這就是「多色性」現象，大部分的情況下都必須使用專業的儀器才能確認，但像堇青石及綠色電氣石，即使以肉眼也可以確認它的多色性。

✳ 效　果 ✳

根據光線的折射而呈現各種各樣的效果。

◆貓眼效果

將光遮住後會產生一條白光，這就是所謂的「貓眼現象」，也稱做「變彩效果」，由寶石內部密集平行的針狀內含物或是平行狀的纖維組織所引起的光線反射，許多寶石都擁有這種效果，以貓眼石最具代表。

貓眼石

◆星光效果

由金紅石細細的針狀結晶體所形成4道或6道像星星一樣的白光，也稱為「星彩效果」，排列規則的金紅石若有兩個方向則會呈現4道光芒的星彩，若有3個方向則會呈現6道光芒的星彩，星光紅寶石及星光藍寶石等都非常有名。

星光紅寶石

◆遊彩效果

像蛋白石這樣看起來有虹彩色的光輝現象就稱為「遊彩效果」。蛋白石由於矽酸球狀粒子聚集並呈現規則的排列，因此當光線通過時會引起光的干涉現象而形成遊彩效果。

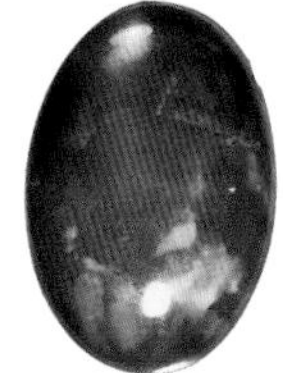

蛋白石

◆火彩現象

當光通過以刻面方式切割研磨而成的透明寶石時，在寶石內部會因為反射現象而產生如彩虹般的七彩光芒，這就是「火彩現象」，也稱為「色散現象」，鑽石的色散率很高，所以能散發出燦爛似火的光芒。

鑽石

珠寶配飾的基本常識

在此介紹鑲嵌寶石的金屬、配件名稱、設計種類等基本常識。

黃金

黃金的顏色及光澤優美，傳導性佳，能抗強酸不生鏽，因此從西元前開始就被用於各種用途，而且1g的黃金可以延展成1萬分之1mm的金箔，甚至可以延展成1㎡。因為延展性佳，所以被廣泛運用於繪畫、佛像、美術工藝品等作品。黃金的開採方式分為採自於礦山內的黃金礦脈，以及採自於河川及砂礫中的砂金兩種方式。

單位：K和G

純金以24K(K=Karat)來表示，18K是指黃金所佔的比例是18/24（75%），其餘的25%含有其他種類的金屬，也有一些國家是以G1000（=999.0）的1000分率來表示純金。

保養、注意事項

使用後，請以乾燥柔軟的布將灰塵等髒污擦拭乾淨，與其他貴金屬一起放置時，很容易刮傷，也很容易因為受撞擊而變形，要特別注意。

戒指／262,500日圓⑮　墜子／128,100日圓⑮

◆黃金顏色的多樣化

黃金會因為含金的比例而呈現各種不同的顏色，如果和銀、銅混合就會變成粉紅色的玫瑰金，如果混入銀或鎳、亞鉛等就會變成像鉑金一樣顏色的白色K金，這些顏色在市場上都非常受歡迎。

※黃金比例

黃金等貴金屬因為純度太高、太過柔軟，不適合鑲嵌珠寶，因此會加入一定比例的其他金屬以提高硬度，這就是所謂的「黃金比例」。

Silver 銀

銀在大部分的情況下會和鉛或銅一起出土，最大的單產銀國家為墨西哥，大約自西元前1500年起就一直開採至今。銀對光的反射率很高，因此又稱為「白銀」，電器及熱傳導率也是金屬中最高的，只是銀在空氣中容易氧化，擺放著會氧化成黑色硫化銀而失去光澤。

單位：SV

以1000分率來表示，SV1000就是純銀，當作飾品時，會混合銅以補強硬度，一般較常使用的銀是SV925、SV950。

保養、注意事項

銀飾不配戴時最好裝進塑膠袋裡密封，避免與空氣接觸而變黑，如果氧化變黑的話，可以以銀製品專用的清潔劑或廚房清潔劑清洗。

Platinum 鉑金

自古以來，鉑金一直被用來當作埃及法老王的隨身配飾，但是這種貴金屬，直到哥倫比亞的平托河“再次”發現它而正式命名時，已經是西元1735年的事了。鉑金耐熱性佳，不易變色及變質，所以不只是當作裝飾品用，在工業及電子上的用途也很大。

單位：PT

鉑金的重量單位以1000分率來表示，pt1000=100%鉑金，若使用於珠寶飾品時，為了補強鉑金的硬度，通常都會混合鈀金屬，一般的鉑金純度約為pt900或pt950。

保養、注意事項

鉑金對於酸及鹼、汗水等有較強的抗力，因此使用後只要以乾布將灰塵擦拭乾淨即可，不需要特別的保養，外表刮傷時可以送回專賣店重新研磨。

（右上照片）手環／25,200日圓⑧　手鍊／34,650日圓⑧　手鍊心形大墜子／19,950日圓⑧　戒指／18,900日圓⑧
項鍊鍊子／5,250日圓⑧　項鍊心形墜子／6,930日圓⑧　魚形墜子／12,600日圓⑧
（左下照片）項鍊／⑯　手鍊／⑯

✳寶石的鑲嵌方式✳

寶石的鑲嵌方式主要有下列幾種。

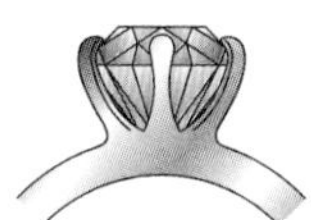

爪鑲嵌

以爪狀的金屬鑲嵌珠寶的方式，圖片中只有6爪的鑲嵌方式，也稱為帝芬妮鑲嵌法。

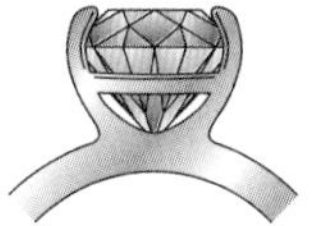

密鑲嵌

屬於爪鑲嵌的一種，寶石下半部以金屬圍起來支撐住，是具有安全感的鑲嵌方式。

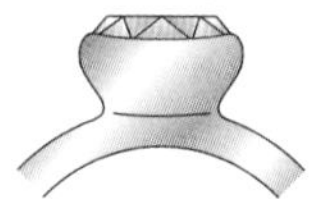

包覆式鑲嵌

以薄板狀的金屬將寶石周圍整個包覆的鑲嵌方式。

夾鑲嵌

以金屬將寶石從兩端夾住，讓寶石看起來像懸空一樣的鑲嵌方式。

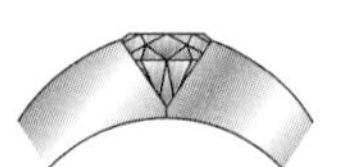

隱形鑲嵌

以金屬將寶石從左右兩端夾住的鑲嵌方式。

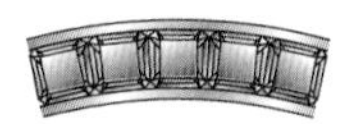

軌道鑲嵌法

以隱形鑲嵌法連續鑲嵌，像軌道一樣將寶石夾住的鑲嵌方式。

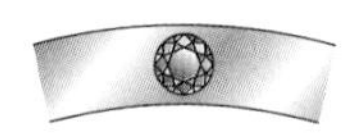

平頂式鑲嵌法

直接將寶石嵌入金屬中的鑲嵌方式。

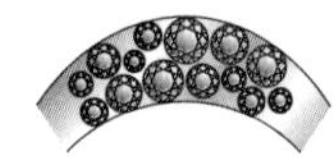

密釘鑲嵌法

將寶石緊密地在金屬上鋪成蜂巢形狀的鑲嵌方式。

✳用　語✳

專用術語

配鑽…裝飾在主要寶石周圍的小顆鑽石。

地金…用於搭配珠寶的金、銀、鉑金等貴金屬。

打模…以線鋸等將金屬裁下、製模的技法。

裸石…尚未鑲嵌之前的寶石。

主石…珠寶中鑲置於中心的主要寶石。

✳鍊子的種類✳

使用於飾品的鏈子主要有以下幾種：

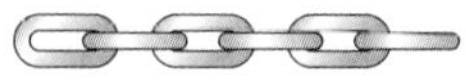

環鍊式

單純地以圓環相互連結而成的鏈子。

珠鍊式

由中空的珠子連結而成的鏈子。

威尼斯鍊式

將方塊金屬交互組合而成的鏈子。

喜平式

圓環先連結後，再將一個個圓環扭轉成90度而成的鏈子。

費加羅式

屬於喜平式的一種，以長環和短環組合而成的鏈子。

狐狸尾巴式

彷彿編織的形式一般。看起來好像是將狐狸尾巴連結起來一樣。

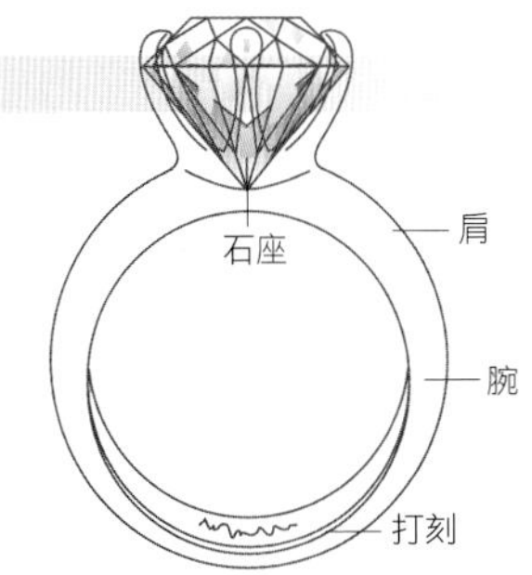

✳戒　指✳

戒指會因為設計方式的不同，讓戴起來的手指看起來也不一樣，一般來說，V字設計或是寶石配置於中心的設計方式，會讓手指頭看起來更修長。購買時一定要試戴看看，選擇適合自己手指的款式。

◆寶石的配置方式　戒指會因為寶石配置方式的不同而有不同的稱呼。

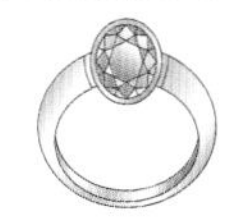

單顆式
單純將一顆寶石鑲嵌於戒指中央的位置。

左右配鑽式
中央主石的兩側鑲嵌小顆配鑽。

環狀式
中央主要寶石的周圍以小顆配鑽環繞裝飾。

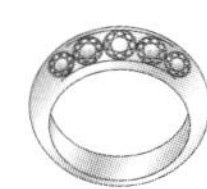

排列式
相同大小的寶石排成一列的鑲嵌方式，寶石數量以奇數為主流。

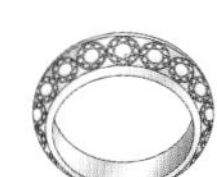

環列式
相同大小的寶石繞著戒圍整圈鑲嵌的方式，最常用於訂婚戒指的款式。

◆戒指的款式　在此介紹較具代表性的戒指款式。

環繞式
整個戒圍的粗細平均環繞。

V字形式
戒圍呈V字形設計。

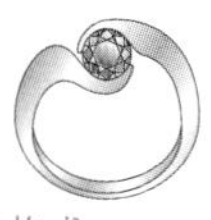

合抱式
從兩側合抱主石的戒圍設計。

扭轉式
將寶石兩側夾住後扭轉的設計方式。

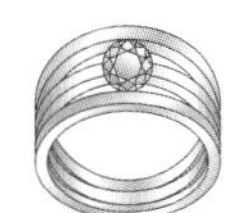

寬面式
將寶石鑲嵌於約兩只戒指寬的中央位置。

戒指的尺寸

內圍周（mm）	日本	美國	英國	內圍周（mm）	日本	美國	英國	內圍周（mm）	日本	美國	英國
41	1	$1\frac{1}{2}$	C	50	10	$5\frac{1}{2}$	K	59	19	$9\frac{1}{2}$	S
42	2	2	D	51	11	6	L	60	20		
43	3	$2\frac{1}{2}$	E	52	12	$6\frac{1}{2}$	M	61	21	10	T
44	4	3	F	53	13	7	N	62	22	$10\frac{1}{2}$	U
45	5			54	14	$7\frac{1}{2}$	O	63	23	11	V
46	6	$3\frac{1}{2}$	G	55	15	8	P	64	24	$11\frac{1}{2}$	W
47	7	4	H	56	16			65	25	12	X
48	8	$4\frac{1}{2}$	I	57	17	$8\frac{1}{2}$	Q	66	26	$12\frac{1}{2}$	Y
49	9	5	J	58	18	9	R	67	27	13	Z

✻項　鍊✻

正如「項鍊」的名稱一樣，是指圍繞在脖子周圍的裝飾品，選購時一定要照鏡子看看珠子的大小、鍊子是否順暢，脖子的長度、粗細等等，選擇適合自己的款式。

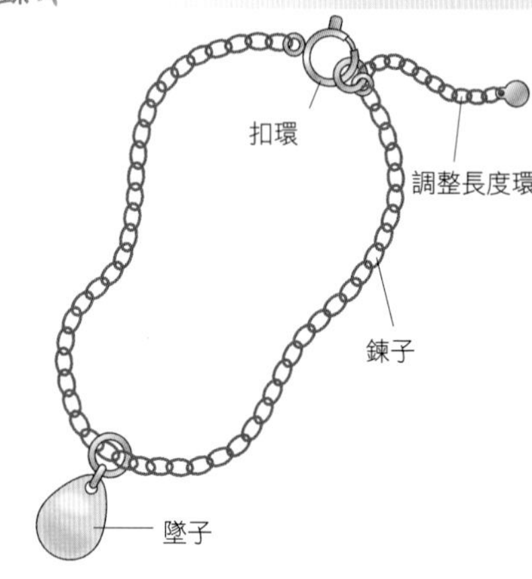

◆項鍊的款式

墜子型

鍊子正面帶有墜子。

一致型

整條項鍊都使用大小相同的珠子串成。

漸層型

項鍊的正中央放置最大顆的珠子，左右兩邊的珠子依序對稱漸層變小。

花式款式

除了墜子型、一致型及漸層型之外的其他款式都稱為花式款式。

多功能項鍊　使用兩個以上的扣環，相互扣連起來時是一條長鍊子，分開又可以當項鍊和手鍊，非常有趣，屬於多功能的項鍊。

鍊子長度的說法

短項鍊	35～40cm（14吋）	正好圍繞在脖子周圍的長度。適用於正式禮服或一般便服。
公主式	35～45cm	長度正好到鎖骨的位置，適用於婚喪喜慶的場合，屬於最普遍的長度。
晨服式matinee	約53cm（短鍊的1.5倍長）	約在鎖骨下的長度。法文Matinee是指戲劇等日間的節目，在歐美卻是晨間服裝的意思。
歌劇式	約71cm（短鍊的2倍長）	常用於晚宴場合，這種長度可以繞成雙圈使用。
繩索式	約107cm（短鍊的3倍）	可以繞成兩圈使用，也可以連結起來使用，享受各種不同的樂趣。
長項鍊	約142cm	比繩索式更長一點，可以繞成兩圈或三圈使用，最能表現華麗感的長度。

✳耳　環✳

耳環分成以螺絲或彈簧夾住耳垂的夾式，和耳垂必須穿耳洞的穿孔式兩種。原本具有避邪驅魔作用的穿孔式耳環飾品，幾萬年前早已經裝飾在人們的耳垂上了。

◆耳環的款式

鈕扣型

耳環固定金屬固定在耳垂上，不會擺動，常用於較大的耳環。

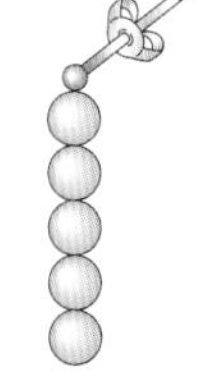

垂墜型

向下垂墜的款式，長度各有不同。

環箍型

環繞耳垂一圈，是環狀耳環。

◆夾式耳環

螺絲鎖式

迴紋針夾式

◆穿孔式耳環

針式

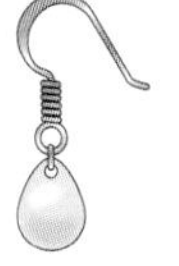

掛鉤式

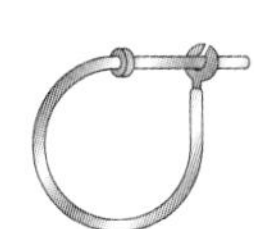

一體成型式

✳手　環✳

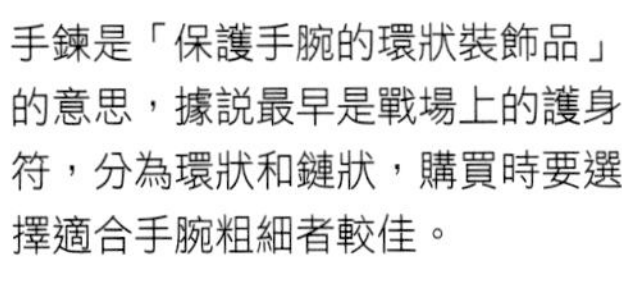

手鍊是「保護手腕的環狀裝飾品」的意思，據說最早是戰場上的護身符，分為環狀和鏈狀，購買時要選擇適合手腕粗細者較佳。

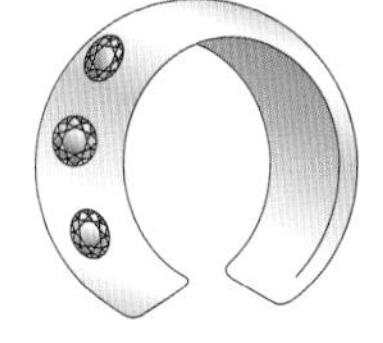

環型手環

沒有可固定的扣環金屬，整個環狀的手環，現在為了方便取脫而將一小段切除的環形手環為市場主流。

鏈型手環

有可固定的扣環金屬，整個由各種鍊子做成的手環，具有一定的粗細，有時會附帶瑣片狀的裝飾品。

✳胸　針✳

別針型胸針

長長的別針一端裝飾著珠寶，有安全別針及迴紋針式的胸針等各種形式，應有盡有。

由固定衣服及披風的實用性中衍生出來的珠寶飾品，據說在古羅馬及古希臘時代，將胸針別在赴戰場的士兵左胸前，可用來保護心臟，即使現在胸針已經變成裝飾用品，一般人還是習慣將胸針別在左胸。

第四章

天然寶石的配戴方式

在這章詳細介紹了
天然寶石飾品和搭配的小配件，
並根據不同的目的及困擾選擇有效的天然寶石。
利用清楚的圖表，
告訴你當天最適合的寶石顏色，
讓天然寶石更貼近你的生活，
從中享受各種不同的樂趣。

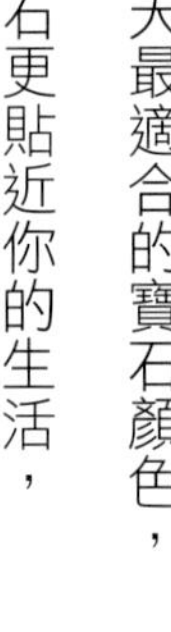

帽子／6,825日圓⑨　圍巾／7,875日圓⑨　項鍊／30,450日圓⑬　戒指／11,550日圓⑥　手鍊／45,150日圓⑥

襯托天然寶石的
小物件搭配術

試著將形形色色的天然寶石飾品和小物件搭配組合，也是生活的樂趣之一。在此運用手邊擁有的飾品和小物件搭配組合為示例。

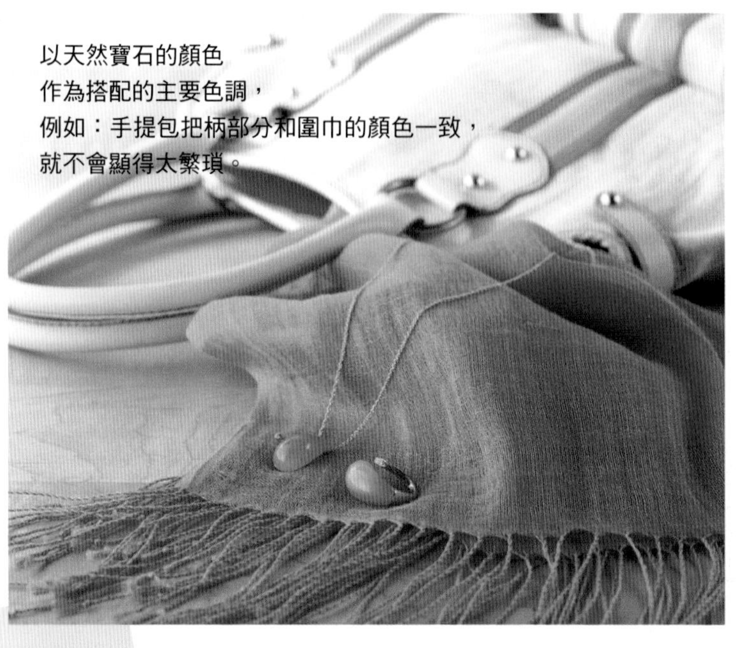

以天然寶石的顏色
作為搭配的主要色調，
例如：手提包把柄部分和圍巾的顏色一致，
就不會顯得太繁瑣。

小飾品和小物件的顏色搭配組合

淡粉紅的寶石非常適合淺色系列，
如果再搭配質感柔軟的圍巾，
整體能透露出溫柔可人的氛圍。

（上方照片）手提包／14,700日圓⑨　圍巾／5,250日圓⑨　項鍊／⑯　戒指／⑯
（下方照片）圍巾／5,250日圓⑨　耳環／18,900日圓⑥　戒指／21,000日圓⑥

利用小寶石等纖細的飾品，
搭配出鴨舌帽及垂墜飾品的雅緻特徵。

悠遊於飾品的美麗顏色及組合

褐色系列的寶石
即使是搭配較具個性的單品設計也很適合，
如果再搭配上同色系的圍巾，
更能顯示出不拘小節的灑脫性格。

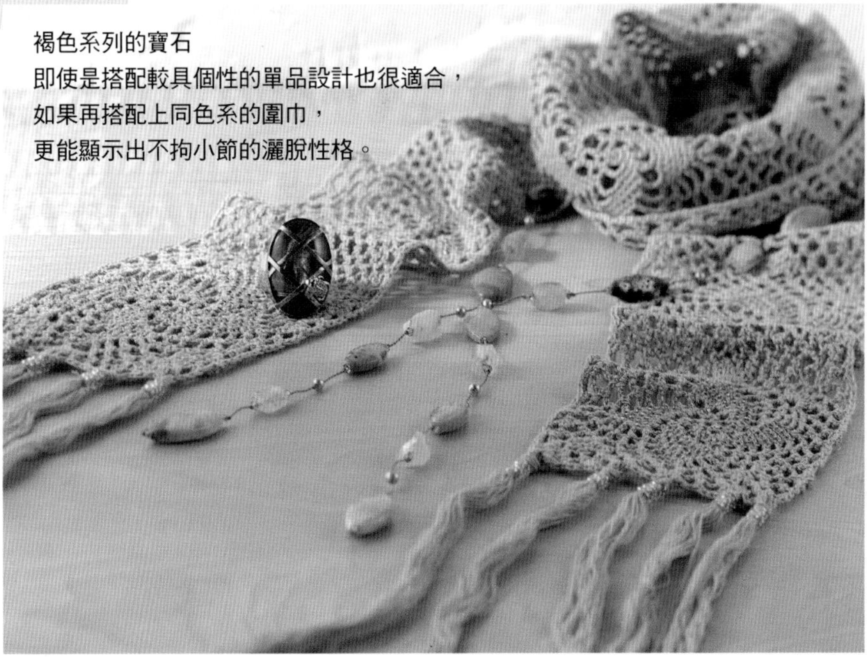

（上方照片）帽子／② 外圈項鍊／⑦ 墜子／15,750日圓⑥ 內圈鍊子／26,250日圓⑥
（下方照片）圍巾／② 項鍊／⑦ 戒指／388,500日圓⑰

如果只是銀製飾品
可能會顯得太剛硬，
若加入腰帶等
不同質感的單品，
就可以顯示出
沉靜的整體感。

利用銀色或顯眼的白色，讓零散的單品取得平衡的美感。

不雜亂的白色格外地搶眼，
手提包和帽子都帶著一點白色，
讓分散的視線聚集於一個焦點。

（上方照片）腰帶／7,350日圓⑨　手鍊／252,000日圓⑰　鍊子／23,100日圓⑥　墜子／17,850日圓⑥　戒指／75,600日圓⑰
（下方照片）帽子／6,300日圓⑨　手提包／17,850日圓⑨　項鍊／178,500日圓⑰

即使是以垂墜飾品為主角的搭配，
和有個性的鴨舌帽組合，
也能搭配出優雅的氣質。

自我主張強烈的寶石飾品，如果能用心搭配也可以使整體看起來合諧。

因寶石形狀而相當有存在感的項鍊，
搭配顏色相近的圍巾或披肩，
看起來非常輕鬆。

（上方照片）帽子／② 項鍊／262,500日圓⑰
（下方照片）圍巾／7.875日圓⑨ 項鍊／29,400日圓⑬

Column

歐洲的古董寶石藝術品

珠寶因為數量極為稀少，曾經是非常高價昂貴的東西。我們現在能欣賞到並稱之為古董的珠寶，幾乎都是18世紀以後打造的作品。

拿破崙和喬治王朝的珠寶

古董珠寶的歷史，一般會以英王統治時期來區分，當時為文化中心的法國，在法國革命後，王室所擁有的珠寶快速流散消失，隨著拿破崙上台，法國王室珠寶輝煌再現。在此時世界中心也從法國轉移至英國，從18世紀前半段到維多利亞女王即位這段時期稱為喬治亞王朝（喬治亞一世~四世），這時期金礦和寶石的生產量尚屬稀少，設計也受限於素材而無法發揮，因此以精緻作工將寶石素材發揮到最大效果是此時期寶石的特徵。

依照顏色層次不同雕刻而成的浮雕作品，再以鑽石及珍珠做為外框。

由少量黃金經過精緻作工打造後看起來很豪華的特殊技法製造而成的項鍊、耳環、胸針組合。

維多利亞女王及英國的繁榮

西元1837年維多利亞女王即位時的英國，正享受著因為產業革命及殖民地帶來的莫大財富，這個黃金時代的初期，因為金礦陸續發現，大量使用珠寶及黃金製成的飾品非常多。1861年維多利亞女王的夫婿艾伯特親王去世，女王長期服喪歷經了中期（此時流行所謂的哀悼珠寶（P85））後，英國再次恢復生氣，展現活力，此時流行被稱為「赫爾拜因垂飾」的大型華麗珠寶，隨著市民階級的崛起，珠寶飾品也出現了工業化大量生產的現象，混合了玉石等其他材質運用於珠寶飾品設計上。

銀、黃金上鑲滿了鑽石的胸針，配戴在身上時，花朵會隨身體的移動呈現微妙的搖晃現象。

使用620顆鑽石和天然珍珠設計成的皇冠，據說是19世紀後期的作品，為上流社會貴婦所擁有。

新藝術派及艾德華王朝

以有色玻璃切割而成，細緻而美麗的洛可可風馬賽克垂飾。

西元1890年時，新藝術派隆重登上世界美術工藝舞台，所謂的「Art nouveau」在法文中是指「新藝術」的意思，以植物圖騰及流線型的曲線為設計的特徵，新藝術運動是由「雷內．拉立克(Renê Lalique」這位法國天才所發起，設計的靈感源自於當時日本的浮世繪作品。

雷內．拉立克16歲時，成為寶石工藝師的學徒，20歲左右時即應聘到像卡迪亞這樣一流的珠寶店工作，他不受限於當時珠寶業界只選用鑽石和藍寶石等高價珠寶，反而大量運用各種有色寶石及天然石，提高了珠寶的可塑性，因此得到上流社會人士的熱烈喜愛。

之後，在偶然的機會裡與香水商人科迪認識，一腳踩進了玻璃工藝設計的領域，透過香水瓶的製作，將他之前所習得的寶石飾品技術發揮到極致，同時也提升了玻璃工藝在藝術領域的地位。

美國蒂芬尼珠寶公司於19世紀後期所製作的垂飾。

此時正是艾德華王朝珠寶鼎盛開花的時期，也就是維多利亞女王的長子艾德華7世的時代，艾德華王朝的珠寶，極盡端正、纖細，以白色為基調，具有貴族的氣息，可以說是貴族領導流行的最後一段時期所開出的華麗花朵。

Art. Deco 裝飾藝術

兩次世界大戰期間，「Art. Deco」 裝飾藝術的時代來臨，整個社會因為戰爭而失去勞動力，女性因此走入職場，珠寶的形式也因應職業婦女的需要，從纖細的設計轉變成幾何圖案和直線條的簡單設計。貴族領導流行的時代正式結束，好萊塢女星們成為舉世注目的焦點，此時雖然高品質的珠寶大量生產，但是「Art. Deco」的珠寶到現在仍舊被當成古董飾品，受到民眾的喜愛。

20世紀初期的作品，彷彿編織蕾絲一般，纖細設計出的項鍊。

照片提供：伊豆高原古董珠寶博物館

依據不同目的選擇天然寶石

根據戀愛上或事業上的煩惱來選擇有效的天然寶石。

期待浪漫的邂逅

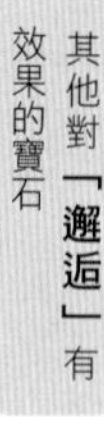

蛋白石

P48

如果你期待浪漫的邂逅，蛋白石是最有效果的寶石。閃耀著彩虹色光輝的蛋白石，隨著欣賞的角度不同，呈現各種不同的風情，被認為是能夠帶來變化的寶石，且能製造機會與喜愛的人相遇，另外此石也能夠將你隱藏的魅力完全發揮出來。

其他對「邂逅」有效果的寶石

月光石（P34）、玫瑰水晶（P108）、菱錳礦（別名印加玫瑰／P112）

～有效的使用方法～

右手的食指負責將強烈意志落實於現實之中，因此將鑲有寶石的戒指戴在食指上，可以讓你夢想成真。

突顯自己的魅力

粉紅電氣石

P50

如果想要讓自己的魅力發揮到最高點的話，在此推薦你粉紅電氣石。據說這美麗的粉紅色寶石，具有一切與戀愛相關的效果，特別是能將女性獨特的魅力及青春、美麗引發出來，如果想要「大受歡迎」或是心儀的人在附近時，最好是隨身佩戴喔！

其他對「魅力」有效果的寶石

拓帕石（P52）、摩根石（P105）、蛋白石（P48）

～有效的使用方法～

如果是為了要散發魅力而配戴天然寶石的話，儘可能戴在接近臉部的地方效果最好，在此建議配戴項鍊或貼式耳環、垂式耳環。

想要戀情更積極

紅寶石

P36

越是認真越容易退怯，對戀愛感到害怕退縮，「因為想要勇敢地面對喜歡的人，希望能再積極一點！」此時最能夠發揮積極效果的就是紅寶石。紅寶石如燃燒火焰般的美麗深紅色，擁有神秘的超強勝利能量，隨身配戴的話可以提高自信，並擁有行動的勇氣。

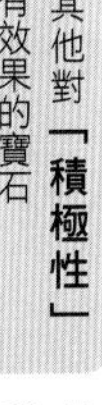

其他對**「積極性」**有效果的寶石

黑曜石（P74）、石榴石（P10）、薔薇輝石（P113）

～有效的使用方法～

將紅寶石配戴在身上可以激發積極性，所以和喜歡的人聯絡或想要更積極時，請不要忘了配戴紅寶石喔！

提高性感度

月光石

P34

想要增加自己的魅力，讓自己更性感，可以試著藉助月光石的能量。正如月光石的名字一樣，此石與月亮有著密切的關係，據說擁有引導往更好的方向前進的效果，最適合在喜歡的人面前增強自己的「女人味」及「姿色」，趕快選擇自己認為「美麗」的月光石配戴吧！

其他對**「提高性感度」**有效果的寶石

紅寶石（P36）、蛋白石（P48）、翡翠（P28）

～有效的使用方法～

想要讓自己更有女人味、更性感，可以在胸前佩戴月光石，還有搭配寶石的貴金屬，與其選擇銀製品，不如選擇黃金製品更能發揮效果。

向對方說出真心話

方鈉石

當你想向喜歡的他說出真心話時，方鈉石或許可以助你一臂之力喔！據說方鈉石可以讓人在不知不覺中解除心防，如果你能將真誠的心傳達給對方，相信對方也會對你說出真心話。

其他對**「說出真心話」**有效果的寶石

石榴石（P10）、赤鐵礦（P102）、葡萄石（P99）

～有效的使用方法～

不能只有向對方表達真心話時才配戴，要經常佩戴在身上才可以發揮最大功效，建議配戴項鍊墜子或戒指等飾品。

想讓嘴巴更甜

粉紅水晶

一旦戀愛了，不管是誰都希望能從對方的口中聽到「你好可愛喔！」…這樣的讚美，此時能讓你從驕傲的人變身為嘴甜的人，只有靠象徵著愛與和平的粉紅色水晶了。可愛討喜的粉紅水晶如果作成心形的話效果更好，能夠將你的心意自然地表現在言語及行動上。

其他對**「嘴甜」**有效果的寶石

薔薇輝石（P113）、菱錳礦（別名印加玫瑰／P112）、尖晶石（P89）

～有效的使用方法～

想要嘴巴更甜時，可以在負責願望達成的左手小指上戴戒指，戴著心形戒指走路效果也很好。

抑制嫉妒心

橄欖石

P40

雖然說少許的嫉妒心是愛情的調味料，但是如果過多的話，也可能會成為戀愛告吹的原因，此時就必須藉助橄欖石的力量了。美麗的橄欖綠寶石，可以抑制嫉妒心及憤怒等負面情緒，帶來更積極正向的能量。

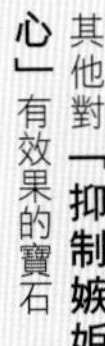

其他對**「抑制嫉妒心」**有效果的寶石

瑪瑙（P67）、方解石（P77）、白紋石（P97）

～有效的使用方法～

想要壓抑自己的嫉妒心時，就將橄欖石當做項鍊戴在身上吧！緊貼著你的肌膚，應該能夠讓你的情緒一點一點冷靜下來。

想要言歸於好

海藍寶石

P16

和喜歡的人吵架了卻不想冷戰太久，此時能發揮和好效果的就是海藍寶石了。給人清澈海藍色印象的海藍寶石，能平復激動的情緒，引導向更溫柔更沉穩的心，因為具有提高溝通能力的效果，消除慌亂的心和誤會，讓兩人之間的關係更穩固。

其他對**「言歸於好」**有效果的寶石

月光石（P34）、天河石（P71）、祖母綠（P26）

～有效的使用方法～

左手的小指是代表願望達成的手指，如果想要和他重新和好的話，就在左手小指上戴上海藍寶石戒指吧！

擔心在遠方的他

月光石

P34

面對遠距離戀愛，或兩人因為工作忙碌而無法見面時，常常會因為彼此之間遙遠的距離而感到不安，這時能發揮安心效果的就是月光石。月光石可以讓距離遙遠的兩人牽絆更深，支持兩人間不變的愛情，既然月光石可以當作避災的護身符，應該也可以守護遙遠的愛情。

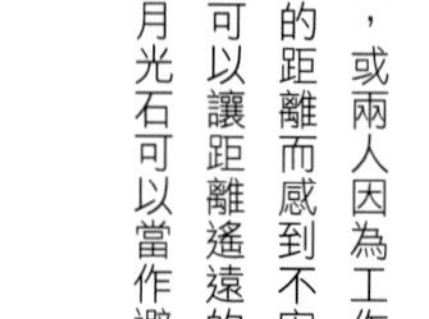

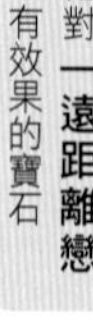

其他對**「遠距離戀愛」**有效果的寶石

矽孔雀石（P79）、石榴石（P10）、綠玉髓（P80）

～有效的使用方法～

遠距離戀愛時，最好請對方也要配戴相同的寶石，如果兩人擁有相同的寶石，可以使兩人之間關係更密切並穩定雙方心情。

想改變兩人之間乏味的關係

砂金石

P70

「總覺得最近兩人之間的關係有些乏味…」這時你最需要的就是砂金石。類似翡翠的深綠色寶石，可以使愛情更豐富，並具有潤滑人際關係的效果，其實不必等到「乏味」的地步，只要覺得兩人之間「最近好像比較少話題可聊」的時候，就要趕快藉助砂金石的力量喔！

其他對**「改變乏味關係」**有效果的寶石

無色水晶（P110）、針鈉鈣石（別名拉利瑪石／P101）、綠玉髓（P80）

～有效的使用方法～

將砂金石放置於兩人容易看見的地方，如果要隨身配戴的話，建議可以配戴戒指、手環、手機吊飾等。

希望對方趕快求婚

祖母綠

P26

「求婚還是要由男方開口比較恰當吧？…」此時建議你配戴祖母綠吧！深綠色的祖母綠聽說具有成就戀愛的效果，因此只要將祖母綠放置於對方目光可及的地方，就可以開始期待對方開口求婚了，對於結婚後安定夫妻之間的關係也很有效果。

其他對**「求婚」**有效果的寶石

綠玉髓（P80）、鑽石（P22）、薔薇輝石（P113）

～有效的使用方法～

如果可能的話將此石當作禮物送給對方，或者是佩戴在對方目光可及的項鍊位置。

從失戀中振作起來

菱錳礦（別名印加玫瑰）

P112

能夠治療失戀情傷的寶石就是菱錳礦，別名為「印加玫瑰」的菱錳礦，正如其名一樣散發著如玫瑰般的光澤，能夠溫柔地撫慰你因失戀而受傷的心情，重新給你勇氣讓你不會害怕面對新戀情，並且能夠帶來邂逅好情人的機會。

其他對**「失戀」**有效果的寶石

薔薇輝石（P113）、黑瑪瑙（P73）、杉石（P88）

～有效的使用方法～

建議你將此石當作護身符，隨時佩戴在身上，最好是佩戴在項鍊等容易碰觸到的位置。

職場人際關係更圓融

葡萄石

如果想讓工作職場上的人際關係更和諧的話，能發揮效力的寶石就是葡萄石。淡綠色帶著美麗光澤的葡萄石，可以提升協調性並和週遭的人保持良好的人際關係，因為此石有提升溝通能力的作用，非常適合不擅長表達自己的人。

其他對「人際關係」有效果的寶石

針鈉鈣石（別名拉利瑪石／P101）、珊瑚（P18）、黑曜石（P74）

～有效的使用方法～

如果想要讓自己的人際關係更圓融時，可以將葡萄石放進手提包或口袋裡隨身攜帶。

避免發生錯誤

孔雀石

想要避免工作上出錯，讓工作順利進行的話，在此推薦孔雀石。自古以來就被當成是護身符使用的孔雀石，具有避免危險及災難的強力效果，消除來自週遭的壓力及突發事件，讓心情穩定冷靜，迎向成功。

其他對「避免錯誤」有效果的寶石

黑曜石（P74）、黑瑪瑙（P73）、赤鐵礦（P102）

～有效的使用方法～

想要避免工作上出錯，就要將孔雀石當做護身符隨身攜帶，以左手握緊此石可以讓心情冷靜，提高工作效率。

想要贏得勝利

紅玉髓

「總覺得自己氣勢很弱」「希望保佑我勝利」…諸如這些時候，最有效果的非紅玉髓莫屬。紅玉髓自古以來就被刻成印章或印鑑來使用，據說拿破崙也是使用以紅玉髓刻成的印章，可以提高勇氣及戰鬥精神，幫助你走向成功之路。

其他對**「勝利」**有效果的寶石

日光石（P82）、土耳其石（P56）、紅寶石（P36）

～有效的使用方法～

面對考試等一定要過關的情形下，必須配戴在身上才有效果，但如果是想要提升讀書效率時，可以擺放在書桌上。

靈感源源不絕

赫爾基摩鑽石

P98

想要靈感源源不絕，使靈感更豐富，就必須藉助赫爾基摩鑽石的協助了。散發出如鑽石般璀璨光芒的赫爾基摩鑽石，可以提高觀察力，讓你將之前所沒有發覺的才能完美地展現出來。

其他對**「增加靈感」**有效果的寶石

祖母綠（P26）、藍晶石（P75）、蛋白石（P48）

～有效的使用方法～

建議睡覺時放在枕頭底下，可以提高你的觀察力及敏銳度。

發揮最大才能

紫黃水晶

P14

若想要將自己的才能發揮到極限的話，必須藉助紫黃水晶的能量。所謂的「紫黃水晶」是指一個結晶體當中，同時混雜著紫水晶與黃水晶而散發出神祕光輝的水晶，紫水晶具有療癒的效果，黃水晶具有達成目標的效果，兩者合而為一，能量加倍，讓你潛藏已久的才能開花結果。

其他對「才能」有效果的寶石

葡萄石（P99）、鈣納斜長石（P106）、虎眼石（P92）

~有效的使用方法~

如果想展現自己的才華，可以試著將紫黃水晶擺放於臥室中，應該可以在睡眠中將你潛藏的才能引發出來。

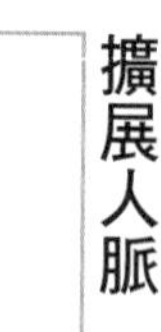

擴展人脈

天河石

P71

藍色或綠色、水色等色彩豐富，充滿魅力的天河石，自古以來就被尊崇為「希望之石」而受到重視，天河石可以提升溝通能力，讓期望擴展人際關係的你願望實現，此石還可以帶來向前行的力量，因此當你失去鬥志沮喪時，一定要記得好好運用天河石。

其他對「人脈」有效果的寶石

藍晶石（P75）、虎眼石（P92）、赫爾基摩鑽石（P98）

~有效的使用方法~

想要擴展人脈時，可以將天河石擺放於辦公桌上，不只是當成裝飾品，還要經常觸摸此石，讓你達到擴展人脈的效果。

把握好機會

青金石

P58

想要抓住好機會，不錯失眼前的大好時機，此時能發揮效果的就是青金石。如夜空般深藍色的青金石，據說可以避災驅邪，召來幸運的能量，還能消除疲勞無力及倦怠，若想把握眼前好運的話，別懷疑，選擇青金石就對了。

其他對**「機會」**有效果的寶石

天河石（P71）、**針水晶**（P107）、**翡翠**（P28）

~有效的使用方法~

右手的中指是代表召喚能量的手指，所以將青金石戒指戴在中指，或當作項鍊隨時戴在身上皆可。

累積財富

黃水晶

P54

黃水晶被認為是象徵財富和繁榮的寶石，自古以來一直受到大眾的喜愛，如果你想要「存錢」的話，可以配戴黃水晶，黃水晶如太陽般金黃的美麗，應該可以提升你的金錢運，而且黃水晶具有預防金錢問題的效果，如果有金錢相關的煩惱時，請不要忘了黃水晶的能量。

其他對**「金錢」**有效果的寶石

琥珀（P72）、**針水晶**（P107）、**拓帕石**（P52）

~有效的使用方法~

當成隨身飾品戴在身上即可產生效果，如果飾品座台可以選擇黃金的話，效果會更上一層。

增加自信

堇青石

P64

想要更有自信、更有行動力的話，在此推薦你配戴堇青石。隨身佩戴堇青石可以自然而然地消除不安的情緒，湧出更多的信心，最適合經常以負面思考的人使用。閃耀著藍色美麗光澤的堇青石，只要一看到心情就愉快，自然也可以解除內心的緊張感。

其他對**「自信」**有效果的寶石

方鈉石（P91）、**藍晶石**（P75）、血石（P20）

~有效的使用方法~

如果是佩戴戒指的話，最好是佩戴在代表堅強實踐力的右手食指上，當成耳環或項鍊佩戴在身上也具有同樣的功效。

掌控自我情緒

杉石

P88

血石

P20

若想要穩定情緒就必須佩戴療癒效果高的杉石，杉石具有治癒心靈傷痛及穩定心情的作用，相反的如果想要提升低落的心情，就必須要藉助血石的能量了。血石可以提振工作士氣及低落的情緒，據說血石具有消除疲勞恢復精神的效果，對身體健康也有很大的幫助喔！

其他對**「情緒」**有效果的寶石

穩定情緒…黑曜石（P74）

提振情緒…碧玉（P86）、白紋石（P97）

~有效的使用方法~

不管使用於任何場合或者是任何瑣碎的事情都有效果，想要「提振情緒」或「穩定情緒」時，不妨試試看吧！

消除精神壓力

針納鈣石（別名拉利瑪石）

P101

讓人聯想到大海湛藍美麗顏色的拉利瑪石，可以消除累積的精神壓力。佩戴拉利瑪石可以改善體質，讓身體不易累積壓力，而且拉利瑪石可以使人際關係更為和諧，特別推薦給容易在職場上因為人際關係而產生壓力的人。

其他對**「壓力」**有效果的寶石

孔賽石（P81）、無色水晶（P110）、珍珠（P30）

～有效的使用方法～

感到壓力大或緊張時可以觸摸拉利瑪石，如果常因人際關係而產生緊張壓力的人，可以將拉利瑪石項鍊佩戴在身上。

振作精神

矽孔雀石

P79

不管是誰都可能因為身心疲勞而感到心情沮喪、精神不佳，想要立刻從低落沮喪的情緒中跳脫出來，可說是相當困難，這時候要提振精神士氣就要靠矽孔雀石了。矽孔雀石可以提振精神力、帶來自信及勇氣，真實地感受到由體內湧出的百倍精神。

其他對**「提振精神」**有效果的寶石

赤鐵礦（P102）、橄欖石（P40）、天河石（P71）

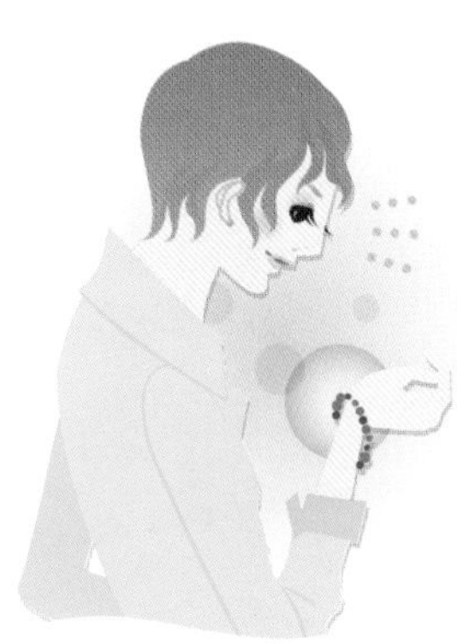

～有效的使用方法～

將矽孔雀石當做隨身配飾戴在身上就可以發揮效果，最好是戴在目光所及的地方，與其當成夾式耳環、垂式耳環或是項鍊來配戴，不如當做戒指或手鍊戴在手上。

提高集中力

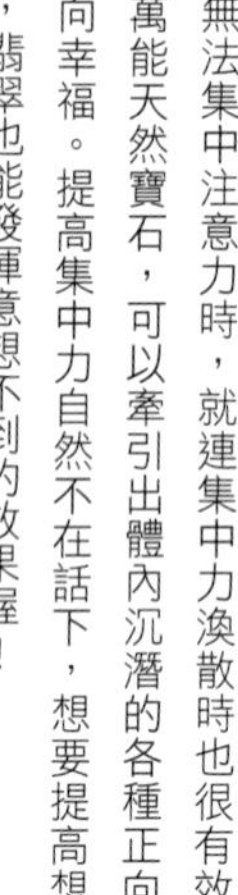

翡翠

P28

不限於無法集中注意力時，就連集中力渙散時也很有效。翡翠真可說是萬能天然寶石，可以牽引出體內沉潛的各種正向能量，領導你走向幸福。提高集中力自然不在話下，想要提高想像力或感受性時，翡翠也能發揮意想不到的效果喔！

其他對**「集中力」**有效果的寶石

螢石（P100）、尖晶石（P89）、藍色拓帕石（P52）

～有效的使用方法～

右手的無名指是掌管實現願望的手指，若在右手無名指戴上鑲有翡翠寶石的戒指，就可感受強大的效果。

加強口才

日光石

P82

在眾多人面前，想讓自己口才表現突出，讓人留下深刻印象，但事實上卻總是因為緊張或害怕而表現不佳，也許日光石可以助你一臂之力。被稱為「太陽石」的日光石，具有一切可能成功的能量效果，可以幫助你在人前說話時，從緊張感中解放出來，說話自然就會順暢無礙。

其他對**「口才」**有效果的寶石

黑瑪瑙（P73）、煙水晶（P90）、方鈉石（P91）

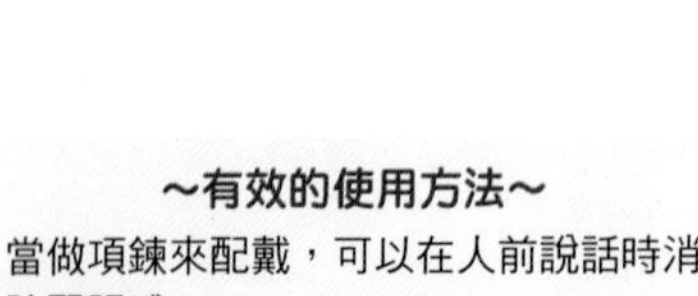

～有效的使用方法～

當做項鍊來配戴，可以在人前說話時消除緊張感。

天然石能量的增強 天然石能量的削弱

天然石與天然石之間的組合配對，可能會增強寶石的能量，也可能會削弱寶石的能量。以下依照4個不同的項目分別介紹能力增強的組合及能力削弱的組合。

事業的萬能天然寶石
翡翠

翡翠能夠為擁有者帶來成功和繁榮，並實現一切與事業相關的願望。

屬性相合的天然寶石　孔雀石

孔雀石和翡翠屬性非常合適，如果是綠色翡翠的話，就連顏色也很搭配。孔雀石可以避免被不好的事物所影響，與能夠帶來成功的翡翠搭配可以發揮雙倍的效果，強力支持事業上的運氣。

屬性不合的天然寶石　月光石

如果要發揮翡翠的最大效果必須避免與月光石並用，除了讓事業成功之外，還可以提升向上的志向，因此如果太過於顧慮其他人的想法，容易造成經常改變心意的狀況。

戀愛的萬能天然寶石
粉紅水晶

粉紅水晶具有增加魅力、促使戀愛成功的效果，可以解決一切與戀愛相關的煩惱。

屬性相合的天然寶石　紫水晶

能跟粉紅水晶相輔相成的天然寶石就是紫水晶，紫水晶具有冷靜判斷的效果，因此兩者相加的話，更能把握機會，讓戀愛走向成功。

屬性不合的天然寶石　菱錳礦

與其說「屬性不合」，不如說是因為兩者所擁有的效果大致相同，因此沒有必要兩者同時搭配組合。只要選擇其中一種感覺起來較喜愛的佩戴，就可以發揮良好的效率，如果很期待能夠趕快結婚時，建議配戴菱錳礦效果較佳。

療癒的萬能天然寶石
海藍寶石

可以鎮定精神，讓心情放鬆，消除負面的情緒，同時給予正向能量，是具有療癒效果的寶石。

屬性相合的天然寶石　拓帕石

海藍寶石和拓帕石一定要搭配使用，拓帕石能夠補充明亮開朗的能量，讓放鬆的效果加倍，兩者都是色澤優美的寶石，可以當成隨身飾品配戴在身上。

屬性不合的天然寶石　紅玉髓

紅玉髓具有補充精神及培養元氣的效果，而海藍寶石擁有的卻是正好相反的效果，互相搭配恐怕會抵消寶石所具有的能量，只要選擇其中一種配戴即可。

財運的萬能天然寶石
琥珀

可以帶來財富和智慧的琥珀，也可以提升金錢運及守護身體健康。

屬性相合的天然寶石　黃水晶

琥珀及黃水晶之間具有類似的效果，只是在這種情況之下，琥珀具有安定神經的作用，再與黃水晶所帶來的自信搭配，可以達到相輔相成的效果，不致於濫用金錢並且穩固金錢運。

屬性不合的天然寶石　虎眼石

倒不是因為屬性不合，而是因為所擁有的效果大致相同所致，所以不必要同時搭配使用，只要在兩者之間選擇一種自己較為喜歡的佩戴即可發揮效果，若能搭配當天的心情來配戴會更好。

以圖表測試出

就像選擇衣服一樣，試著搭配當天的心情來選擇天然寶石吧！

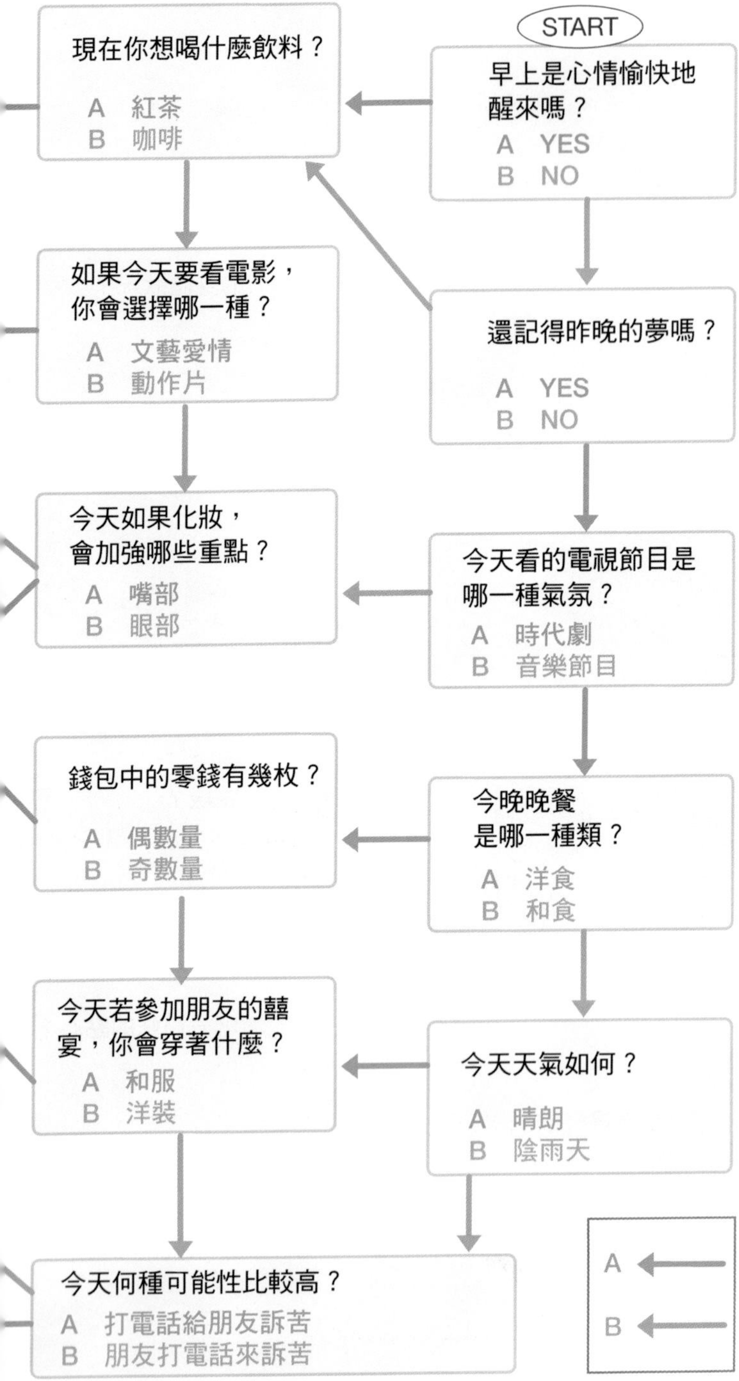

START

早上是心情愉快地醒來嗎？
A YES
B NO

還記得昨晚的夢嗎？
A YES
B NO

今天看的電視節目是哪一種氣氛？
A 時代劇
B 音樂節目

今晚晚餐是哪一種類？
A 洋食
B 和食

今天天氣如何？
A 晴朗
B 陰雨天

現在你想喝什麼飲料？
A 紅茶
B 咖啡

如果今天要看電影，你會選擇哪一種？
A 文藝愛情
B 動作片

今天如果化妝，會加強哪些重點？
A 嘴部
B 眼部

錢包中的零錢有幾枚？
A 偶數量
B 奇數量

今天若參加朋友的囍宴，你會穿著什麼？
A 和服
B 洋裝

今天何種可能性比較高？
A 打電話給朋友訴苦
B 朋友打電話來訴苦

A ←
B ←

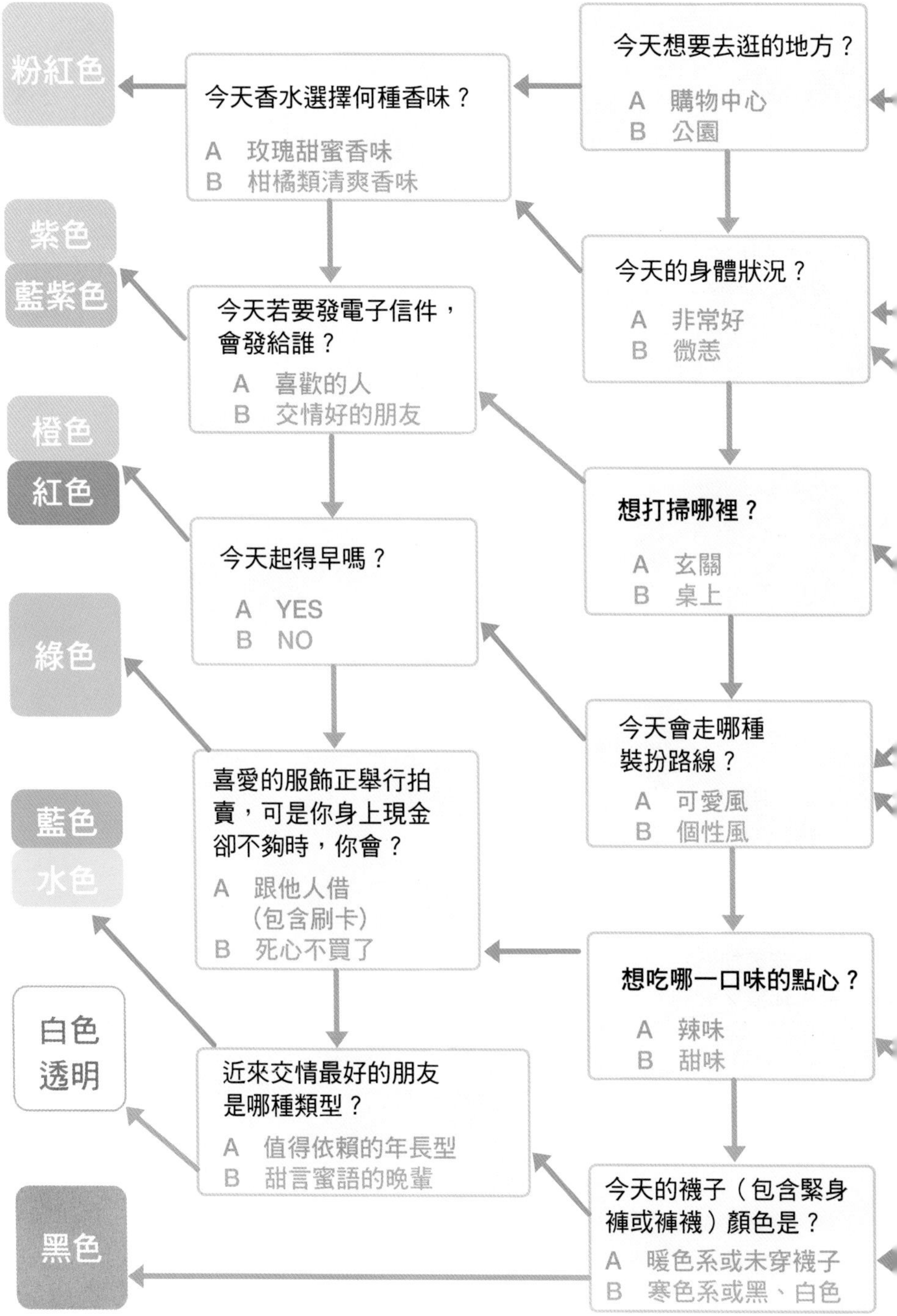

今天想要去逛的地方？
A 購物中心
B 公園

今天香水選擇何種香味？
A 玫瑰甜蜜香味
B 柑橘類清爽香味

今天的身體狀況？
A 非常好
B 微恙

今天若要發電子信件，會發給誰？
A 喜歡的人
B 交情好的朋友

想打掃哪裡？
A 玄關
B 桌上

今天起得早嗎？
A YES
B NO

今天會走哪種裝扮路線？
A 可愛風
B 個性風

喜愛的服飾正舉行拍賣，可是你身上現金卻不夠時，你會？
A 跟他人借（包含刷卡）
B 死心不買了

想吃哪一口味的點心？
A 辣味
B 甜味

近來交情最好的朋友是哪種類型？
A 值得依賴的年長型
B 甜言蜜語的晚輩

今天的襪子（包含緊身褲或褲襪）顏色是？
A 暖色系或未穿襪子
B 寒色系或黑、白色

粉紅色

紫色
藍紫色

橙色
紅色

綠色

藍色
水色

白色
透明

黑色

根據圖表進行測驗，最後選出的顏色就是適合你此刻心情的天然寶石色系。依據天然寶石顏色而產生的搭配樂趣，往往令人陶醉不已。

粉紅色

今天很適合提升自己個人的魅力，戀愛的機會相對也會增加，因此今天一定要配戴能使魅力大大提升的粉紅色天然寶石。粉紅色天然寶石能召喚一切與戀愛相關的事情發生，讓你臉紅心跳地度過一整天。

粉紅色系的天然寶石

粉紅電氣石、摩根石、菱錳礦（印加玫瑰）、粉紅水晶　等

紫色　藍紫色

今天的運氣非常穩定，最適合提升直觀力、精神力的紫色天然寶石，紫色天然寶石具有召喚機會來臨的功效，因此如果今天想要突破挑戰，紫色天然寶石會助你一臂之力，引導你走向成功。

紫色・紫藍色系的天然寶石

青金石、紫水晶、杉石　等

橙色　紅色

今天是發揮最大能量的好日子，如果能搭配紅色系或橙色系列的天然寶石，更加可以提高工作精神，紅色系天然寶石具有豐沛的能量，最適合面對只許成功不許失敗的各種考試。

紅色・橙色系的天然寶石

紅寶石、紅玉髓、石榴石、日光石　等

藍色　水色

今天好像非常適合提升發展人際關係的運氣，藉由藍色或水色系的天然寶石來提高自己的溝通能力吧！這些水藍色系天然寶石具有鎮定心情的功效，就算是不擅長人際關係的人也可以表現的恰如其份。

藍色・水色系的天然寶石

海藍寶石、針納鈣石（拉利瑪石）、天河石　等

綠色

今天是否覺得會有些精神上的緊張壓力呢？為了讓今天能夠輕鬆地過關，請借助綠色系列天然寶石的能量吧！因為綠色系天然寶石具有消除壓力緊張的功效，所以可以讓你平穩地度過一整天。

綠色系的天然寶石

祖母綠、孔雀石、橄欖石、翡翠　等

白色・透明色

今天可能會受到週遭的各種雜音影響而左右自己的運氣，為了阻斷這些不好的影響，請選擇透明或白色的天然寶石，它們可以在你感到迷惑或懷疑時，引領你走向正確的方向，幫助你穩定地度過一天。

白色・透明色系的天然寶石

無色水晶、月光石、透明方解石　等

黑色

今天或許會碰到意料之外的困難，這樣的日子一定要配戴黑色天然寶石當作護身符，因為黑色天然寶石具有阻斷迷惑、促進決斷力的功效，可以讓你度過充實的一天。

黑色系的天然寶石

赤鐵礦、黑曜石、黑瑪瑙、血石　等

寶石名稱索引

專用語索引